U0295158

Visual Basic 程序设计教程
上机实验指导

陈 歆 周淑秋 主编

上海交通大學出版社

内 容 提 要

本书是本社出版的《Visual Basic程序设计教程》的配套实验教材。编者结合多年教学经验精选出有代表性的实验素材，帮助读者边学边练，学以致用，迅速提高操作能力。全书主要内容包括程序设计基础、数据的输入输出、程序的控制结构、数组与过程、常用的内部控件、菜单界面设计、文件管理、键盘与鼠标事件过程、多重窗体设计编程等。

本书内容丰富，重点突出，文字叙述简明易懂，图文并茂，实验题目注重实际应用和可操作性。每一章节都配有相应的练习题，书末配有解题提示和参考，以帮助读者反复理解。本书适合作为高等院校计算机公共课教材，也可作为各类Visual Basic培训班及全国计算机等级考试读者的学习参考书。

图书在版编目(CIP)数据

Visual Basic程序设计教程上机实验指导/陈歆，周淑秋主编. —上海：上海交通大学出版社，2013

ISBN 978-7-313-09617-3

Ⅰ. V... Ⅱ. ①陈... ②周... Ⅲ. BASIC语言—程序设计—高等学校—教学参考资料 Ⅳ. TP312

中国版本图书馆CIP数据核字(2013)第081282号

Visual Basic程序设计教程上机实验指导

陈 歆 周淑秋 主编

上海交通大学出版社出版发行

(上海市番禺路951号 邮政编码200030)

电话:64071208 出版人:韩建民

常熟市大宏印刷有限公司 印刷 全国新华书店经销

开本:787mm×1092mm 1/16 印张:13.5 字数:311千字

2013年5月第1版 2013年5月第1次印刷

印数:1～2030

ISBN 978-7-313-09617-3/TP 定价:29.00元

前　言

本书是周淑秋与陈歆编写的《Visual Basic 程序设计教程》的配套实验教材。编者结合多年教学经验精选出有代表性的实验素材，帮助读者边学边练，学以致用，迅速提高操作能力。主要内容包括程序设计基础、数据的输入输出、程序的控制结构、数组与过程、常用的内部控件、菜单界面设计、文件管理、键盘与鼠标事件过程、多重窗体设计编程等。

本书内容丰富，重点突出，文字叙述简明易懂，图文并茂，实验题目注重实际应用和可操作性。每一章节都配有相应的选择填空练习题及知识点提示，以帮助读者反复理解。本书适合作为高等院校计算机公共课教材，也可作为各类 Visual Basic 培训班及全国计算机等级考试读者的学习参考书。

书中所有实验题目均已经过运行验证，读者可直接到出版社的网站上下载源码以帮助自学。本书第 1~7 章由陈歆编写，第 8~10 章由周淑秋编写。由于作者水平有限，书中不妥之处敬请广大读者指正。

编　者

目 录

第1章 Visual Basic 6.0 概述

1.1 知识要点

1.1.1 一个简单 Visual Basic 应用程序的组成

通常，Visual Basic 的应用程序由三类模块组成，即窗体模块、标准模块和类模块。

（1）窗体模块（.frm）。窗体模块由界面窗体和代码组成。一个应用程序包含一个或多个窗体模块（其文件扩展名为.frm）。每个窗体模块均分为两部分：一部分是作为用户界面的窗体；另一部分是执行具体操作的代码。

（2）标准模块（.bas）。标准模块完全由不与具体的窗体或控件相关的代码组成。标准模块中，可以声明全局变量，也可以定义函数过程或子程序过程。

（3）类模块（.cls）。类模块由代码和数据组成。每个类模块都定义了一个类，可以在窗体模块中定义类的对象，调用类模块中的过程。类模块可以视为没有物理表示的控件。

一个工程中的文件可分为六类:

（1）窗体文件（.frm），每个窗体对应一个窗体文件，窗体及其控件的属性，以及其他信息和代码都存放在窗体文件中，一个应用程序可以有多个窗体，但最多为 255 个。

（2）工程文件（.vbp），每个工程对应一个工程文件。

（3）工程组文件（.vbg），当一个程序包括两个以上的工程时，这些工程构成一个工程组。

（4）标准模块文件（.bas），它是一个纯程序代码性质的文件，不属于任何一个窗体，主要用来声明全局变量和定义一些通用的过程，可以被不同窗体的程序调用，主要在大型应用程序中使用。

（5）类模块文件（.cls），Visual Basic 中大量的预定义的类以及用户通过类模块来定义的自己的类，都可以用一个文件来保存。

（6）资源文件（.res），它是一个纯文本文件，可以同时存放如文本、图片、声音等多种“资源”的文件，资源文件由一系列独立的字符串、位图及声音文件组成，可用简单的文字编辑器，如 NotePad 编辑。

Visual Basic 采用事件驱动的编程机制，因此，Visual Basic 应用程序的工作方式主要通过事件驱动来实现。

（1）事件驱动。所谓事件驱动（编程机制）就是指触发（激发）对象的某个事件，对象将对该事件的触发（激发）作出响应，从而操作执行一段事先编写好的相应程序代码（事件过程)。事件的触发可以通过用户的操作触发，也可以通过操作系统（计时器）或其他应用程序的消息触发，还可以由应用程序本身的消息触发。

（2）事件驱动应用程序的典型操作顺序（序列）。操作顺序为：启动应用程序，加载和显示窗体的用户界面，对象（窗体、控件等）接收事件并执行相应的事件代码，执行完再等待下一次事件的触发。

1.1.2 用 Visual Basic 语言设计开发应用程序的步骤

用 Visual Basic 语言设计开发简单应用程序时，一般主要包括三大步骤，详细涉及十个具体步骤。

1）三大步骤

（1）界面设计：建立可视化用户界面。

（2）属性设置：设置可视化用户界面的特性。

（3）代码编写：编写事件驱动代码。

2）十个具体步骤

（1）启动 Visual Basic。

（2）新建（打开）工程（一个工程包含两部分内容：对象和代码）。

（3）用户界面设计。

（4）对象的属性设置。

（5）事件驱动的代码编写。

（6）调试、运行。

（7）保存（窗体文件——*.frm、标准模块文件——*.bas、工程文件——*.vbp 等）。

（8）编译生成可执行文件（*.exe）。

（9）退出 Visual Basic。

（10）在 Windows 环境下运行可执行文件（*.exe）。

必须指出，设计开发应用程序（包括大型程序）时，并非要完全按上述步骤的顺序进行，而且，上述步骤也并非全面。但上述步骤对于学习和掌握运用 Visual Basic 语言设计开发应用程序的过程是非常有效的。

1.1.3 窗体、标签、命令按钮、文本框的常用属性、方法和事件

1）窗体

（1）窗体的属性。

① 描述窗体外观的属性。

Caption 属性：表示窗体标题栏上的文本内容。取值：字符串。

BorderStyle 属性：只读属性，取值如下：

0——None，无边框；

1——FixedSingle，固定单边框且大小只能用最大化和最小化按钮改变；

2——Sizable，默认有双线边界的可改变大小的边框；

3——FixedDialog，按设计时的大小固定边框且没有最大化和最小化按钮；

4——FixedToolWindow，固定工具窗口、大小不能改变且只显示关闭按钮并用缩小的字体显示标题栏；

5——SizableToolWindow，可改变大小且只显示关闭按钮并用缩小的字体显示标题栏。

BackColor 属性：窗体的背景色，取值：代表颜色的十六进制数或调色板或 vbRed 等。

ForeColor 属性：窗体的正文或图形的前景色，取值：代表颜色的十六进制数或调色板或 vbRed 等。

Picture 属性：窗体上显示的图片，取值：设计时属性窗口中加载或运行时用 LoadPicture( ) 函数装入。

② 描述窗体位置和大小的属性：左边位置（坐标）Left、上边位置（坐标）Top 和高 Height、宽 Width。取值都是数值。

③ 描述窗体行为的属性：是否可移动 Moveable、是否激活（可用状态）Enabled、是否可见 Visible（运行时起作用）。取值都是 True（默认）或 False。

④ 描述窗体字形（字体、大小）的属性：包括字体名称 FontName、字体大小 FontSize。

⑤ 描述窗体的其他属性：

Name 属性。只读属性，在代码中用来代表窗体。取值：字符串。

ControlBox 属性。取值：True 或 False。

WindowState 属性。取值：0——默认正常、1——最小化图标、2——最大化窗口。

MinButton 属性。取值：True 或 False。

MaxButton 属性。取值：True 或 False。

AutoRedraw 属性。主要用于多窗体程序设计中，取值：True 或 False。

Icon 属性。窗体最小化时的图标，取值：设计时属性窗口中加载或运行时用 loadPicture 函数装入或通过另一窗体最小化时的图标属性来赋值。

（2）窗体的事件。

Load 事件：当窗体被装入内存时，VB 系统自动触发该事件。

Unload 事件：当窗体被关闭后，将触发该事件。

Click 事件：在运行时，当用户在窗体的空白区域上单击鼠标时触发该事件。

DblClick 事件：在运行时，当用户在窗体的空白区域上双击鼠标时触发该事件。

Activate 事件：当本窗体变为活动窗口时触发该事件。

Deactivate 事件：当另一窗体变为活动窗口前，触发该事件。

Paint 事件：当本窗体被移动或放大，或窗体移动时覆盖了一个窗体时，触发该事件。

Resize 事件：在运行时，当窗体的大小改变时，触发该事件。

（3）窗体的方法。

Hide 方法：在运行时，用来隐藏窗体。

Show 方法：用于激活窗体，使被激活的窗体成为当前活动窗体。

Cls 方法：用于清除窗体上的所有图形和正文。

Print 方法：用于在窗体上显示信息。

2）标签

（1）标签的属性。标签的部分属性与窗体及其他控件相同，包括 FontBold，FontItalic，FontName，FontSize，FontUnderline，Height，Left，Name，Top，Visible，Width。对其他属性说明如下：

① Alignment 属性：标签和文本框均有该属性，该属性决定怎样放置标签的标题或文本框

的内容，规定文本的对齐方式，具体取值如下：

0——左对齐；

1——右对齐；

2——居中。

② AutoSize 属性：仅标签具有该属性，该属性用于设置标签的大小。如果该属性设置为 True，则系统自动改变标签的大小，以适应由 Caption 属性制定的文本；如果该属性设置为 False，则标签保持设计时定义的大小，此时，如果标题太长，则系统会自动进行剪裁，以适应标签的大小。

③ BorderStyle 属性：标签和文本框均有此属性，此属性用于设置边框类型。具体取值如下：

0——设置标签或文本框无边框（默认值）；

1——设置标签或文本框为单线边框。

④ Caption 属性：标签中的文本只能用 Caption 属性显示，Caption 属性用来显示标签的文本。

⑤ Enabled 属性：标签和文本框都有该属性。该属性用于设置标签文本框是否接收各种鼠标事件。该属性一般设置为 True，可接收鼠标事件；但当该属性设置为 False 时，屏蔽各种鼠标事件，而且使标签或文本框对象变灰。

⑥ BackStyle 属性：该属性可以取两个值，即 0 和 1。具体取值如下：

1——标签将覆盖背景（默认值为）；

0——则标签为“透明”的。

⑦ WordWrap 属性：该属性用来决定标签的标题（Caption）属性的显示方式。该属性取两种值：即 True 和 False。默认为 False。具体取值如下：

True——则标签将在垂直方向上变化大小，以适应标题文本，水平方向上的大小与原来所画的标签相同。

False——则标签将在水平方向上扩展到标题中最长的一行，在垂直方向上显示标题的所有各行。

注意，为使 WordWrap 起作用，应把 AutoSize 属性设置为 True。

（2）标签的事件。与图片框、图像框一样，标签对象能接收 Click、DblClick 事件。此外，标签主要用来显示一小段文本，可以通过 Caption 属性定义，不需要使用其他方法。

（3）标签的方法。标签对象的主要作用是显示一小段文本，且文本是由 Caption 属性设置的。与此有关的一些方法，对于一般用户来说，用处不大，因此这里不再介绍。

3）文本框

（1）文本框的属性。文本框的属性包括 BorderStyle，Enabled，FontBold，FontItalic，FontSize，FontUnderline，Height，Left，Name，Top，Visible，Width。此外，还有一些其他属性，归纳如下：

① Text 属性。Text 属性用于接收在文本框中输入的文本。程序读入此属性，用户可以查看自己输入的内容。该属性也可以由程序进行修改，以改变其中显示的文本。设计时使 Text 属性为空字符串时，则可使正文框空白。

② MaxLength 属性。该属性用于设置文本框中显示的字符数。当该属性值为 0（默认值）时，表示文本框可以接收任意多个输入字符；当该属性值设置为非 0 数值时，系统会将用户输入的字符限制在该数值的范围之内，即该非 0 值是最大输入字符数。

③ MultiLine 属性。该属性用于设置文本框是单行显示还是多行显示。这是一个布尔属性，具体规定如下：

True——允许多行（通过回车）；

False——禁止多行。

④ ScrollBars 属性。该属性用于设置滚动条。具体规定如下：

0——无；

1——水平；

2——垂直；

3——水平和垂直两种。

⑤ PasswordChar 属性。该属性可用于口令输入。在缺省状态下，该属性被设置为空字符串（不是空格）。用户从键盘上输入时，每个字符均可以在文本框中显示出来。如果把 PasswordChar 属性设置为一个字符，例如，星号（*），则在文本框中键入字符时，显示的不是键入的字符，而是所设置的字符。但文本框中的实际内容仍是输入的文本，只是显示结果被改变了。利用这一特性，可以设置口令。

⑥ SelLength 属性。该属性用来定义当前选中的字符数。当在文本框中选择文本时，该属性值会随着选择字符的多少而改变。也可以在程序代码中把该属性设置为一个整数值，由程序来改变选择。如果 SelLength 属性值为 0，则表示未选中任何字符。该属性以及下面的 SelStart、SelText 属性只有在运行期间才能设置。

⑦ SelStart 属性。该属性用来定义当前选择的文本的起始位置。0 表示选择的开始位置在第一个字符之前，1 表示从第二个字符之前开始选择，依此类推。该属性也可以通过程序改变。

⑧ SelText 属性。该属性含有当前所选择的文本字符串，如果没有选择文本，则该属性值是一个空字符串。如果在程序中设置该属性，则用该值代替文本框中选中的文本。

⑨ Locked 属性。该属性用来指定文本框是否可以被编辑。当设置值为 False（默认值）时，可编辑文本框中的文本；当设置值为 True 时，可以滚动和选择控件中的文本，但不能编辑。

（2）文本框的事件。文本框支持 Click、DblClick 等鼠标事件，同时也支持 Change、GotFocus、LostFocus 等事件。

① Change 事件。当用户向文本框中输入新信息，或当程序把 Text 属性设置为新值，从而改变文本框 Text 属性时，将触发 Change 事件。程序运行后，在文本框中每键入一个字符，就会引发一次 Change 事件。

② GotFocus 事件。当文本框具有输入焦点（即处于活动状态）时，键盘上输入的每个字符都将在该文本框中显示出来。只有当一个文本框被激活，并且可见性为 True 时，才能接收到焦点。

③ LostFocus 事件。从表面看，LostFocus 是“失去指针”（即光标离开），也就是说，当光标离开时，就执行该事件的请求，而所谓的“指针离开”，实际上是光标离开文本框，即“失去

输入控制权”。当按下 Tab 键使光标离开当前文本框，或者用鼠标选择窗体中的其他对象时，就会触发该事件。为了检查用户输入的内容是否符合要求，通常使用 LostFocus 事件，而不使用 Change 事件，因为后者的发生过于频繁。

④ KeyPress 事件。该事件与键盘输入有关，适用于窗体和大部分控件，用来识别键入的字符。当在键盘上按下某个键时，触发该事件。

（3）文本框的方法。SetFocus 方法是文本框常用的方法。

格式：[对象.]SetFocus。

功能：该方法可以把光标移动到指定的文本框中，使指定的文本框获得焦点。当在窗体上建立了多个文本框后，可以用该方法把光标置于所需要的文本框上。

4）命令按钮

（1）命令按钮的属性。在应用程序中，命令按钮通常用于单击时执行指定的操作。以前介绍的大多数属性都可以用于命令按钮，包括 Caption，Enabled，FontName，FontSize，ForeColor，Height，Left，Name，Visible，Top 和 Width 等。除此以外，还有以下一些属性：

① Cancel 属性。该属性用于设置命令按钮的作用是否等同于按 Esc 键的功能。当该属性设置为 True 时，按该命令按钮的效果与按 Esc 键的效果等同。只有命令按钮具有这个属性，而且在一个窗体窗口中至多只能有一个命令按钮的 Cancel 属性可以设置为 True。

② Default 属性。该属性用于设置命令按钮的作用是否等同于按回车键的功能。当该属性设置为 True 时，按该命令按钮的效果与按回车键的效果等同。只有命令按钮具有这个属性，而且在一个窗体窗口中至多只能有一个命令按钮的 Default 属性可以设置为 True。

③ Style 属性。Style 属性用于设置或返回一个值，这个值用来指定控件的显示类型和操作。该属性在运行期间是只读的。Style 属性可用于多种控件，包括复选框、组合框、列表框、单选按钮和命令按钮等。当用于命令按钮（或者复选框和单选按钮）时，可以取以下两种值：

第一种，0（符号常量 vbButtonStandard）：标准样式。控件按 Visual Basic 老版本中的样式显示，即在命令按钮中只显示文本（Caption 属性），没有相关的图形。此为默认设置。

第二种，1（符号常量 vbButtonGraphical）：图形格式。控件用图形样式显示，在命令中不仅显示文本（Caption 属性），而且可以显示图形（Picture 属性）。

④ Picture 属性。该属性可以用来给命令按钮指定一个图形。为了使用这个属性，必须把 Style 属性设置为 1（图形格式），否则 Picture 属性无效。

⑤ DownPicture 属性。该属性用来设置当控件被单击并处于按下状态时在控件中显示的图形，可用于复选框、单选按钮和命令按钮。为了使用这个属性，必须把 Style 属性设置为 1（图形格式），否则 DownPicture 属性将被忽略。如果没有设置 DownPicture 属性的值，则当按钮被按下时将显示赋值给 Picture 属性的图形。如果既没有设置 Picture 属性的值，也没有设置 DownPicture 属性的值，则在按钮中只显示标题（Caption 属性）。如果图形太大，超出按钮边框，则只显示其中的一部分。

⑥ DisabledPicture 属性。该属性用来设置对一个图形的引用，当命令按钮禁止使用（即 Enabled 属性被设置为 False）时在按钮中显示该图形。和 Picture、DownPicture 属性一样，必须把 Style 属性设置为 1，才能使 DisabledPicture 属性生效。和图片框的 Picture 属性一样，在设计阶段可以从属性窗口中设置命令按钮的 Picture、DownPicture 或 DisabledPicture 属性，也

可以通过 LoadPicture 函数装入图形。

（2）命令按钮的事件。命令按钮最常用的事件是单击（Click）事件，当单击一个命令按钮时，触发 Click 事件。

注意：命令按钮不支持双击（DblClick）事件。

（3）命令按钮的方法。因为在命令按钮、复选框和单选按钮上不能显示任何字符（用 Caption 属性设置除外），所以，前面的所有方法对它们均不适用。

1.2 实验

1.2.1 实验 1：一个简单 Visual Basic 应用程序的建立

1）实验目的

（1）掌握 Visual Basic 6.0 的启动与退出。

（2）熟悉 Visual Basic 的集成开发环境。

（3）了解在 Visual Basic 集成开发环境中编写一个 Visual Basic 应用程序的一般步骤。

2）实验内容

编一个程序，程序运行的初始界面如图 1-2-1 所示。单击“隐藏”按钮，标签中的文本内容隐藏，单击“显示”按钮，标签中显示“北京欢迎你”。

图 1-2-1 程序运行的初始界面

3）实验步骤

（1）启动 Visual Basic 6.0。执行“开始”→“程序”→“Microsoft Visual Studio 6.0 中文版”→“Microsoft Visual Basic 6.0 中文版”命令，打开“新建工程”对话框。选择“新建”选项卡中的“标准 EXE”项，进入如图 1-2-2 所示 Visual Basic 6.0 应用程序集成开发环境。

（2）在 E 盘上建立一个文件夹（如：EX1）以保存该实验生成的各种文件。

（3）用鼠标单击工具箱中的标签控件，在窗体的合适位置绘制标签。设置标签控件属性，Caption 属性设置为“北京欢迎你”，单击 Font 属性右边列表，在弹出的字体对话框中将字号设置为四号。

（4）在窗体中的合适位置绘制一命令按钮，设置其 Caption 属性为“显示”。

（5）在“显示”按钮的右边再绘制一命令按钮，设置其 Caption 属性为“隐藏”。

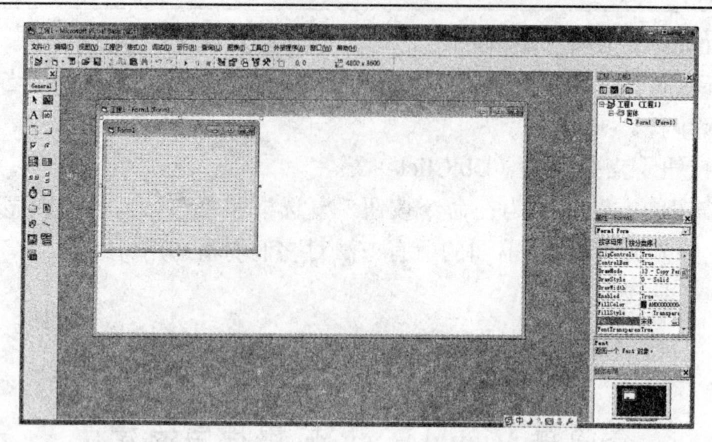

图 1-2-2 Visual Basic 6.0 应用程序集成开发环境

（6）双击“显示”命令按钮打开代码窗口，在代码窗口中添加如下代码：

```
Private Sub Command1_Click( )
  Label1.Visible = True
End Sub
```

（7）在代码窗口的对象列表框中选择对象“Command2”，在事件列表框中选择事件“Click”，输入如下代码：

```
Private Sub Command2_Click( )
  Label1.Visible = False
End Sub
```

（8）保存文件。执行“文件”→“保存工程”命令，在弹出的对话框中将窗体文件保存在 E 盘 EX1 文件夹下，该窗体文件命名为 ex1.frm，系统自动提示保存工程文件，并将工程文件 ex1.vbp 保存在该文件夹下。

（9）运行程序。按 F5 键或用鼠标单击工具栏中的“启动”按钮。单击“隐藏”按钮隐藏文字，单击“显示”按钮显示文字。

（10）生成可执行文件。执行“文件”→“生成 ex1.exe”命令，将该文件保存在 EX1 文件夹下。

1.2.2 实验 2：一个 Visual Basic 显示程序

1）实验目的

（1）熟悉窗体、标签、命令按钮的最常用属性、事件和方法。

（2）熟悉 Visual Basic 中面向对象程序设计的一般方法，理解对象、对象的属性、事件和方法的含义。

2）实验内容

编一程序，在屏幕上显示“你好，Visual Basic 系统”，字体大小设为三号、颜色为红色（见图 1-2-3），单击窗体后，在窗体上显示“初次见面，请多关照！”，同时窗体上出现“继续”和“结束”两个命令按钮（见图 1-2-4），如果单击“继续”按钮，则又回到初始运行状态；单击“结束”按钮，结束程序运行。

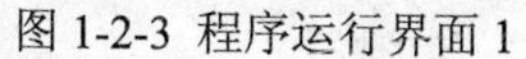
图 1-2-3 程序运行界面 1

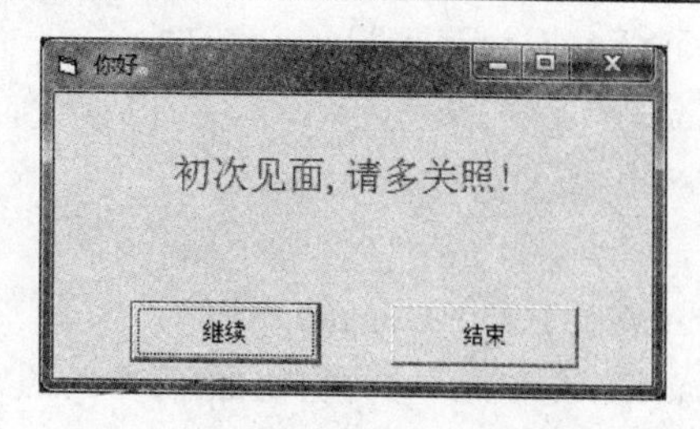

图 1-2-4 程序运行界面 2

3）实验步骤

（1）界面设计。在窗体上绘制一个标签和两个命令按钮，并调整位置，如图 1-2-5 所示。

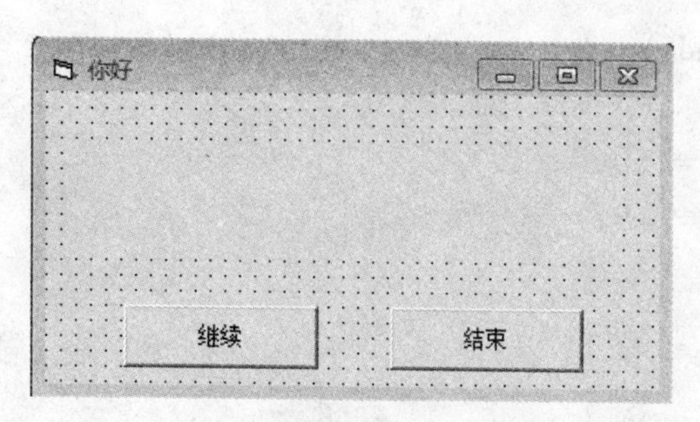

图 1-2-5 界面设计参考图

（2）属性设置。按照表 1-2-1 设置各对象的属性。

表 1-2-1 属性设置

控件对象	属 性	属性值
窗体	Name	Form1
	Caption	你好
标签	Name	Label1
	Forecolor	红色
	Font	三号
命令按钮 1	Name	Command1
	Caption	继续
命令按钮 2	Name	Command2
	Caption	结束

（3）代码编写：

```
Private Sub Command1_Click( )
    Label1.Caption = "你好,Visual Basic 系统"
    Command1.Visible = False
    Command2.Visible = False
End Sub
```

```
Private Sub Command2_Click( )
  End
End Sub

Private Sub Form_Click( )
  Label1.Caption = "初次见面,请多关照!"
  Command1.Visible = True
  Command2.Visible = True
End Sub

Private Sub Form_Load( )
  Label1.Caption = "你好,Visual Basic 系统"
  Command1.Visible = False
  Command2.Visible = False
End Sub
```

（4）保存工程。

（5）运行调试。

1.2.3 实验 3：改变字体程序

1）实验目的

（1）熟悉文本框的最常用属性、事件和方法。

（2）熟悉属性设置的两种途径。

2）实验内容

要求：编一程序（见图 1-2-6），其中文本框的背景色为黄色，前景色为红色，单击“放大”按钮，文本框显示的文字放大 3 倍；单击“加粗”按钮，文本框显示的文字加粗；单击“斜体”按钮，文本框文字*加粗*；单击“还原”按钮，文本框中的文本格式恢复到初始状态。

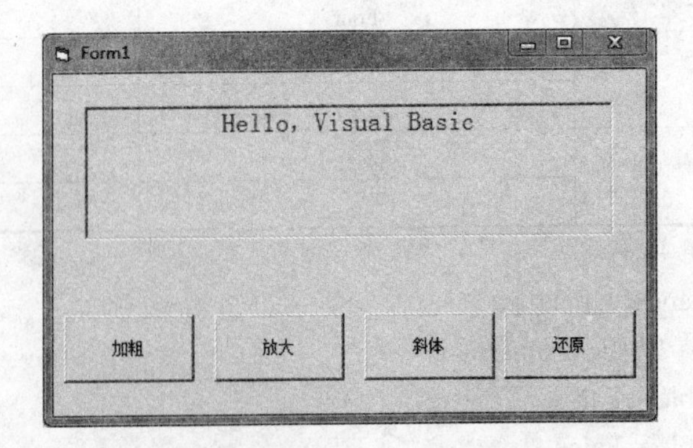

图 1-2-6 程序运行界面

3）实验步骤

（1）界面设计。在窗体上绘制一个文本框和四个命令按钮，调整其大小和位置。

（2）属性设置。按照表 1-2-2 设置各对象的属性。

表 1-2-2 属性设置

控件对象	属 性	属性值
文本框	Name	Text1
	Text	Hello, Visual Basic
	Alignment	2
	Font	14
	BackColor	&H0080FFFF&
	ForeColor	&H000000FF&
命令按钮 1	Name	Command1
	Caption	加粗
命令按钮 2	Name	Command2
	Caption	放大
命令按钮 3	Name	Command3
	Caption	斜体
命令按钮 2	Name	Command4
	Caption	还原

（3）代码编写：

```
Private Sub Command1_Click( )
  Text1.FontBold = True
End Sub

Private Sub Command2_Click( )
  Text1.FontSize = Text1.FontSize * 3
End Sub

Private Sub Command3_Click( )
  Text1.FontItalic = True
End Sub

Private Sub Command4_Click( )
  Text1.FontSize = 14
  Text1.FontBold = False
  Text1.FontItalic = False
```

```
End Sub
```

（4）保存工程。

（5）运行调试。

1.2.4 实验 4：改变窗体大小程序

1）实验目的

熟悉窗体的最常用属性、事件和方法。

2）实验内容

要求：编一程序窗体颜色为绿色，窗体初始大小为 4000×6000，窗体标题上显示“单击窗体改变窗体大小”。单击窗体，窗体大小改变为 5000×5000，并且窗体标题上显示“双击窗体还原”。双击窗体，窗体恢复初始大小，窗体标题上显示“单击窗体改变窗体大小”。

3）实验步骤

（1）设置窗体属性 BackColor 为&H0000C000&。

（2）添加如下代码：

```
Private Sub Form_Click( )
  Form1.Height = 5000
  Form1.Width = 5000
  Form1.Caption = "双击窗体还原"
End Sub

Private Sub Form_DblClick( )
  Form1.Height = 4000
  Form1.Width = 6000
  Form1.Caption = "单击窗体改变窗体大小"
End Sub

Private Sub Form_Load( )
  Form1.Height = 4000
  Form1.Width = 6000
  Form1.Caption = "单击窗体改变窗体大小"
End Sub
```

（3）保存工程。

（4）调试运行。

1.3 练习题

1）选择题

（1）和其他的传统程序设计语言相比较，Visual Basic 最突出的特点是（ ）。

A．结构化程序设计　　B．程序开发环境　　C．事件驱动编程机制　　D．程序调试技术

答案及提示：C

（2）下面叙述中错误的是（ ）。

A．一个工程可以包括多种类型的文件

B．Visual Basic应用程序既能以编译方式执行，也能以解释方式执行

C．程序运行后，在内存中只能驻留一个窗体

D．对于事件驱动型应用程序，每次运行时的执行顺序可以不一样

（3）下列不属于主窗口的是（ ）。

A．最大化按钮　　B．状态栏　　C．系统菜单　　D．工具栏

（4）设窗体上有一个文本框，名称为 Textl，程序运行后，要求该文本框不能接受键盘输入，但能输出信息，以下属性设置正确的是（ ）。

A．Textl.MaxLength=0　　B．Textl.Enabled=Flase　　C．Textl.Visible=Flase　　D．Textl.Width=0

（5）以下能在窗体Form1的标题栏中显示"VisualBasic窗体"语句的是（ ）。

A．Form1.name="VisualBasic 窗体"　　B．Form1.Title="VisualBasic 窗体"

C．Form1.Caption="VisualBasic 窗体"　　D．Form1.Text="VisualBasic 窗体"

（6）下列叙述中正确的是（ ）。

A．只有窗体才是Visual Basic中的对象　　B．只有控件才是Visual Basic中的对象

C．窗体和控件都是Visual Basic中的对象　　D．窗体和控件都不是Visual Basic中的对象

（7）可以激活属性窗口的操作是（ ）。

A．用鼠标双击窗体的任何部位　　B．执行"工程"菜单中的"属性窗口"命令

C．按Ctrl＋F4键　　D．按F4键

（8）用来确定控件在窗体上位置的属性是（ ）。

A．Width或Height　　B．Width和Height　　C．Top或Left　　D．Top和Left

（9）下列不能打开工具箱窗口的操作是（ ）。

A．执行"视图"菜单中的"工具箱"　　B．按Alt＋F8键

C．单击工具栏上的"工具箱"按钮　　D．按Alt+V，然后按Alt+S

（10）为了使命令按钮（名称为Command1）右移200，应使用的语句是（ ）。

A．Command1.Move-200　　B．Command1.Move 200

C．Command1.Left= Command1.Left+200　　D．Command1.Left= Command1.Left-200

（11）假定一个 Visual Basic 应用程序由一个窗体模块和一个标准模块构成。为了保存该应用程序，以下正确的操作是（ ）。

A．只保存窗体模块、标准模块　　B．分别保存窗体模块、标准模块和工程文件

C．只保存窗体模块和标准模块　　D．只保存工程文件

（12）为了清除窗体上的一个控件，下列正确的操作是（ ）。

A．按回车键　　B．按Esc键

C．选择（单击）要清除的控件，然后按Del键　　D．选择（单击）要清除的控件，然后按回车键

（13）以下叙述中错误的是（ ）。

A．打开一个工程文件时，系统自动装入与该工程有关的窗体、标准模块等文件

B．当程序运行时，双击一个窗体，则触发该窗体的 DblClick 事件

C．Visual Basic 应用程序只能以解释方式执行

D．事件可以由用户引发，也可以由系统引发

（14）为了对多个控件执行操作，必须选择这些控件。下列不能选择多个控件的操作是（ ）。

A．按住 Alt 键，不要松开，然后单击每个要选择的控件

B．按住 Shift 键，不要松开，然后单击每个要选择的控件

C．按住 Ctrl 键，不要松开，然后单击每个要选择的控件

D．拖动鼠标画出一个虚线矩形，使所选择的控件位于这个矩形内

（15）在设计阶段，当双击窗体上的某个控件时，所打开的窗口是（ ）。

A．工程资源管理器窗口　B．代码窗口　C．工具箱窗口　D．属性窗口

（16）下列打开"代码窗口"的操作中不正确的是（ ）。

A．按 F4 键

B．单击"工程资源管理器"窗口中的"查看代码"按钮

C．双击已建立好的控件

D．执行"视图"菜单中的"代码窗口"命令

（17）下列正确的 Visual Basic 注释语句是（ ）。

A．Dim a（10）As Integer Rem 这是一个 VB 程序

B．′ 这是一个 VB 程序

C．a=1：b=2：Rem 这是一个 VB 程序：c=3

D．If Shift=6 And Button=2 Then

　　Print "VISUAL BASIC" Rem 这是一个 VB 程序

　End If

（18）Visual Basic 程序中分隔各语句的字符是（ ）。

A．′　B．:　C．\　D．_

（19）为了装入一个 Visual Basic 应用程序，应当（ ）。

A．只装入窗体模块文件（.frm）

B．只装入工程文件（.vbp）

C．分别装入工程文件和标准模块文件（.bas）

D．分别装入工程文件、窗体文件和标准模块文件

（20）为了使窗体的大小可以改变，必须把它的 BorderStyle 属性设置为（ ）。

A．1　B．2　C．3　D．4

2）填空题

（1）在属性窗口中，属性列表可以按两种顺序排列，这两种顺序是________和________。

（2）Visual Basic 6.0 的集成开发环境有两种方式，第一种方式是________、第二种方式是________。

（3）退出 Visual Basic 的快捷键是________。

（4）Visual Basic 6.0 的菜单栏共有________个主菜单项。

（5）工程文件的扩展名是________，窗体文件的扩展名是________，标准模块文件的扩展名是________。

（6）属性窗口大体上可分为四个部分，这四个部分分别是________、________、________和________。

（7）Visual Basic 中的工具栏有两种形式，分别为________形式和________形式。

（8）Visual Basic 中的控件可以分为三类，分别是________、________和________。

（9）为了选择多个控件，可以按住________键，然后单击每个控件。

（10）若某文本框的 Name 属性为 T1，为了在该文本框中显示“How are you !”，所使用的语句为________。

（11）为了建立窗体的 Click 事件过程，即 Form.Click，应先在代码窗口的________栏中选择 Form，然后在________栏中选择 Click。

（12）若窗体的名称为 Forml，对该窗体编写如下代码：

```
Private Sub Form _Load( )
    Form1.Caption="Hello! "
    Me.Caption="How are you? "
    Caption="What is your name? "
End Sub
```

程序运行后，窗体的标题是________。

（13）在窗体上画两个文本框（名称分别为 T1 和 T2）和一个命令按钮（名称为 C1），然后在代码窗口中编写如下事件过程：

```
Private Sub C1_CliCk( )
    T1.Text="Visual Basic"
    T2.Text= T1.Text
    T1.Text="Hello"
End Sub
```

程序运行后，单击命令按钮，名称为 T1 和 T2 的两个文本框中显示的内容分别为________和________。

（14）用 Visual Basic 开发应用程序时，一般需要________、________和________三步。

（15）控件和窗体的 Name 属性是只读属性，只能通过________设置，不能在________期间设置。

第 2 章 Visual Basic 程序设计基础

2.1 知识要点

2.1.1 Visual Basic 的数据类型

Visual Basic 的基本数据类型主要有数值型、字符型、布尔型、日期型、变体型和对象型等，如表 2-1-1 所示。不同类型的数据所占的存储空间不一样，因此，选择合适的数据类型，可以节省存储空间和提高运行速度。

表 2-1-1 Visual Basic 的基本数据类型

数据类型	关键字	类型符	前缀	占字节数	范围
字节型	Byte		byt	1	0~255
整型	Integer	%	int	2	-32768~32767
长整型	Long	&	lng	4	-2147483648~2147483647
单精度型	single	!	sng	4	负数：-3.402823E38~-1.401298E-45 正数：1.401298E-45~3.402823E38
双精度型	Double	#	dbl	8	负数：-1.7969313486231E308~-4.94065645841247 E-324 正数：4.94065645841247E-324~1.79769313486231E+308
货币型	Currency	@	cur	8	-922337203685477.5808~922337203685477.5807
字符型	String	$	str		0~65535
日期型	Date		dtm	8	01，01，100~12，31，9999(00：00：00~23：59：59)
逻辑型	Boolean		bln	2	True 与 False
对象型	Object		obj	4	任何对象引用
变体型	Variant		vnt		上述任何有效范围

2.1.2 常量与变量

1）常量

常量（Constant）是在整个程序中数值不变的量。在 Visual Basic 中，常量的类型与数据类型相对应，常量的形式有文字常量和符号常量两种。

文字常量（又称字面常量）是直接书写出来的常量，通常用来表示字符串、数值等。文字常量可以表示整数、长整数、单精度浮点数、双精度浮点数、货币型、布尔数和字符串。

符号常量是用标识符来表示的常量。符号常量必须先定义，后使用。定义的格式为：

[Public|Private] Const＜常量名＞［类型后缀］=＜表达式＞［，＜常量名＞［类型后缀］=＜表达式＞］

说明：

① 带有＜＞表示必选项，带有|表示多项选一项，带有［］的项表示可选项。

② ＜常量名＞后面可加类型后缀，如%、&、#、!、$、@等，但引用时可不带后缀，也可以加 AS（类型），例如：

Const＜常量名＞［As ＜类型＞］=＜表达式＞

例如，定义 N 和 PI 两个符号常量：

Const N%=100，PI AS Double=3.1415926

符号常量一经定义就不能再修改，如果试图修改一个已经定义过的符号常量，Visual Basic 系统会产生一条错误信息，并提出警告。定义符号常量的优点是：能增加程序的通用性和可读性。

2）变量

变量是一个标识符，给变量命名时应遵循以下规则：

（1）名字只能由字母、汉字、数字和下画线组成。

（2）名字的第一个字符必须是英文字母或汉字，最后一个字符可以是类型说明符。

（3）名字的有效长度不超过 255 个字符。其中，窗体、控件和模块的标识符长度不能超过 40 个字符。

（4）不能用 Visual Basic 的关键字作变量名，但可以把关键字嵌入变量名中；同时变量名也不能是末尾带有类型说明符的关键字。

2.1.3 常用标准函数

Visual Basic 内部函数按功能大体可分为数值函数、字符串函数和系统函数，常用函数如表 2-1-2~表 2-1-4 所示。

表 2-1-2 常用数值函数

函数格式	数学含义	函数格式	数学含义
Sin(x)	返回 x 的正弦值	Cos(x)	返回 x 的余弦值
Tan(x)	返回 x 的正切值	Atn(x)	返回 x 的反正切值
Exp(x)	以 e 为底的指数函数	Abs(x)	返回 x 的绝对值
Log(x)	以 e 为底的自然对数	Sqr(x)	返回 x 的平方根
Cint(x)	求 x 的四舍五入取整值	Int(x)	返回不大于 x 的最大整数
Fix(x)	返回 x 的整数部分	Sgn(x)	返回 x 的符号
CLng(x)	把 x 转换为长整型	CSng(x)	把 x 转换为单精度型
CDbl(x)	把 x 转换为双精度型	Rnd(x)	产生随机数

表 2-1-3 常用字符串函数

函 数	返 回 值
Asc（s）	返回字符串 s 首字符的 ASCII 码值
Chr（s）	返回参数值 s 对应的 ASCII 码字符
Val（s）	返回字符串 s 内的数值
Str（n）	将数值型数据 n 转换成字符型
Hex（n）	返回 n 的十六进制数
Oct（n）	返回 n 的八进制数
Lcase（s）	将大写字母 s 转换为小写
Ucase（s）	将小写字母 s 转换为大写
mid(s,n1,n2)	s 中从第 n1 个字符开始的 n2 个字符
left(s,n)	截取字符串 s 左边的 n 个字符
right(s,n)	截取字符串右边的 n 个字符
Instr(n1,s1,s2)	返回 s2 在 s1 中首次出现的位置（从 n1 开始）
space(n)	产生 n 个空格的字符串
string(n,s)	返回由 s 中首字母组成的包涵 n 个字符的字符串
strcomp(s1,s2,n)	返回字符串 s1 与 s2 比较结果的值
len(s)	返回字符串 s 的长度
rtrim(s)	去掉字符串 s 右边的空格
ltrim(s)	去掉字符串 s 左边的空格
Strcomp(s1,s2,m)	比较字符串 s1 和 s2 的大小

表 2-1-4 常用系统函数

函 数	返 回 值	函 数	返 回 值
Now	系统当前的日期和时间	Month(日期)	日期中的“月”
Date	系统当前的日期	Year(日期)	日期中的“年”
Time	系统当前的时间	Hour(日期)	日期中的“小时”
Timer	从午夜到现在的秒数	Minute(日期)	日期中的“分钟”
Day(日期)	日期中的“日”	Second(日期)	日期中的“秒”
Weekday(日期，第一天参数)	一周中的第几天；当“第一天参数”设置为星期一时，即返回日期中的“星期”	Format(x,y)	指定输出格式

Format(x，y)输出数值的格式说明符如表 2-1-5 所示。

表 2-1-5 函数 Format(x，y)输出数值格式说明符

格式说明符	输出数值格式
#	一个数字(#的个数多于实际位数时，按实际位数输出)
0	一个数字(0 的个数多于实际位数时，左端补 0)
.	小数点
,	千位分割符(用于整数部分，但不能出现在两端)
E+/E-	指数符(E+表示指数是正数也显示符号)
%	显示百分号，并自动乘以 100

Format（x，y）输出日期与时间格式说明符如表 2-1-6 所示。

表 2-1-6 函数 Format(x，y)输出日期与时间格式说明符

格式说明符	输出数值格式
d	显示数字式日期间(1～31)
dd	显示数字式日期(01～31)
ddd	显示星期缩写(Sun，Mon，...，Sat)
dddd	显示星期全名(Sunday，Monday，...，Saturday)
ddddd	显示完全的日期(年月日)
m	显示数字式月份(l～12)
mm	显示数字式月份(01～12)
mmm	显示月份缩写(Jan～Dec)
mmmm	显示月份全名(January～December)
yy	显示年份(不包括世纪)
yyyy	显示年份(包括世纪)
h	显示小时(0～23)
hh	显示小时(00～23)
m	显示分钟(0～59)
mm	显示分钟(00～59)
s	显示秒(0～59)
ss	显示秒(00～59)
ttttt	显示完整时间(时分秒)

2.1.4 运算符与表达式

Visual Basic 语言使用的运算符有算数运算符、比较运算符和逻辑运算符。三种运算符的运算优先顺序如表 2-1-7 所示。

表 2-1-7 运算符的执行顺序

优先级	运算符	含 义
1	^	乘方
2	*、/	乘、实除
3	\	整除
4	Mod	取模
5	+、-	加、减
6	<、<=、>、>=、=、<>	小于、小于等于、大于、大于等于、等于、不等于
7	Not	逻辑非
8	And	逻辑与
9	Or	逻辑或
10	Xor	逻辑异或
11	Eqr	逻辑等价
12	Imp	逻辑蕴涵

除了上述 3 种运算符，常用的还有字符串运算符，Visual Basic 的字符表达式也称为字符串的连接，即用字符串连接符“＋”或“&”将多个字符串连接在一起。字符串连接符“＆”与“＋”的功能基本相同，但“＆”可以将计算表达式的值直接转换成字符串，然后进行连接。

在 Visual Basic 语言中一个表达式可能含有多种运算，计算机按一定顺序对表达式进行求值。一般顺序如下：

首先，进行函数运算。

其次，进行算术运算。其次序为：幂(^)→取负(−)→乘和浮点除(*、／)→整除(＼)→取模(Mod)→加减(+、−)→连接(＆)。

然后，进行关系运算(=、>、<、<>、<=、>=)。

最后，进行逻辑运算，其次序为：Not→And→Or→Xor→Eqv→imp。

说明：

① 当除法和乘法同时出现在表达式中时，按照它们从左到右出现的顺序进行计算。用括号可以改变表达式的优先顺序。括号内的运算总是优先于括号外的运算。

② 字符串连接运算符（＆）不是算术运算符，就其优先级而言，它在所有算术运算符之后，但在所有比较运算符之前。

③ 上述计算顺序中有一个例外，就是当幂和负号相邻时，负号优先。例如，4^-2 的结果是 0.0625（4 的负 2 次方），而不是-16（-4^2）。

2.1.5 编码规则

编程的过程中最容易忽略的是程序的“风格”。一个好的程序，不但要有简明精确的算法、严密的逻辑思维和正确的思想体现，程序的风格也同样重要。好的 程序风格，可以让我们的程序写得更加平易近人，更加生动，对我们的编程是大有益处的，对我们的程序学习也能起到事半功倍的作用。或者说，编程过程中我们应 该遵守一些不成文的标准，这对于我们与他人的交流和自己的再学习都是有益无害的。

编程的过程中，我们应遵守一些成文的或不成文的标准。虽然这些标准对于程序在计算机上的运行意义不大，但对于我们的学习交流却意义深远。也就是说，这些准则没有对程序的逻辑结构做出硬性规定，但对程序的外观却提出了规范化的要求。

使用统一编码约定集的主要原因，是使应用程序的结构和编码风格标准化，以便于阅读和理解。好的编码可使源代码的可读性强且意义清楚，与其他语言约定相一致，并且尽可能直观。

VB 编程过程中，主要有如下约定。

1）常量和变量命名约定

除了控件以外，常量和变量也是我们编程过程中经常遇到的，我们也是通过名字和它们打交道的。

（1）给变量加范围前缀。变量按其作用范围可分为三类：过程级，模块级和全局。所以我们在编程的过程中应将三者加以区别。

我们在使用变量时，为了更好地体现代码重用和可维护原则，其定义范围应尽量缩小，这样将使我们的应用程序更加容易理解和易于控制。

在 VB 应用程序中，只有当没有其他方便途径在窗体间共享数据时才使用全局变量。当使用全局变量时，在一个单一模块中声明它们，并按功能分组，给 模块取一个有意义的名字。较好的编码习惯是尽可能地用模块化的代码。除了全局变量，过程和函数应该仅对传递给它们的对象操作。在过程中使用的全局变量应该在过程起始处的声明部分标识出来。

变量的作用范围前缀如下：全局 g(global)，模块级 m(model)，本地过程不需要使用。例如，gintFlag 表示全局整型变量，mstrPassword 可表示模块级字符型变量。

（2）声明所有变量原则。声明所有变量将会节省编程时间，键入错误将大大减少，我们可在程序开始写上如下语句：

Option Explicit

该语句要求在程序中声明所有变量。

（3）变量数据类型声明。可通过下面的前缀来作为变量的数据类标志（见表 2-1-8）。

（4）常量。常量的命名，可遵循与变量命名大体相同的原则。

VB 早期版本中用户如果要使用常数，可以以变量的方式实现，且全部字母大写以和其他变量区分。常数名中的多个单词用下画线 (_) 分隔。

表 2-1-8 变量类型前缀

子类型	前缀	示 例
Boolean	bln	blnFound
Byte	byt	bytRasterData
Date (Time)	dtm	dtmStart
Double	dbl	dblTolerance
Error	err	errOrderNum
Integer	int	intQuantity
Long	lng	lngDistance
Object	obj	objCurrent
Single	sng	sngAverage
String	str	strFirstName

目前常用的定义常量的方法，是用 const 语句来实现。定义时一般约定使用大小写混合的格式，并以"con"作为常数名的前缀。例如：

conYourOwnConstant

（5）对变量和过程名作出描述。变量名或过程名的主体应使用大小写混合格式，并且尽量完整地描述其目的。另外，过程名应以动词开始，例如 InitNameArray 或 CloseDialog。

2）对象命名约定

应该使用一致的前缀来命名对象，使人们容易识别对象的类型。例如，常用控件 CommandButton(命令按钮)可用 cmd 作为其前缀。与之似，Form 以 frm，Image 以 img，Label 以 lbl，List Box 以 lst，Picture Box 以 pic，Timer 以 tmr 作为前缀是很方便区分的（见表 2-1-9）。在编程的过程中，我们看到 cmdExit 就知道这一定是一个命令按钮了。如果是第三方提供的控件，最好要清晰地标出制造商的名称，以区别于常用控件。

表 2-1-9 对象类型前缀

对象类型	前缀	示 例
3D 面板	pnl	pnlGroup
动画按钮	ani	aniMailBox
复选框	chk	chkReadOnly
组合框、下拉列表框	cbo	cboEnglish
命令按钮	cmd	cmdExit
公共对话框	dlg	dlgFileOpen
框架	fra	fraLanguage
水平滚动条	hsb	hsbVolume
图像	img	imgIcon
标签	lbl	lblHelpMessage
直线	lin	linVertical
列表框	lst	lstPolicyCodes
旋钮	spn	spnPages
文本框	txt	txtLastName
垂直滚动条	vsb	vsbRate
滑块	sld	sldScale

3）结构化编码约定

除了上述的约定外，结构化的程序风格对于我们实际编程也很有意义，可极大地改善代码的可读性。结构化编码约定主要有代码注释和一致性缩进。

（1）代码注释约定。所有的过程和函数都应该以描述这段过程的功能的一段简明的注释开始，说明该程序是干什么的，至于是如何做的，也就是编程的细节，最好不要包括。因为日后我们可能要修改程序，这样做会带来不必要的注释维护工作，如果不修改，就将提供误导信息，可能成为错误的注释，因为代码本身和后面程序中的注释将 起到相应的说明作用。

过程中的注释块应该包括以下标题：

小节 描述内容

目的 该过程完成什么

假设 列出每个外部变量、控件、打开文件或其他不明显元素

效果 列出每个被影响的外部变量、控件或文件及其作用(只有当它不明显时)

输入 每一个可能不明显的参数

返回 函数返回值的说明

（2）格式化代码。应尽可能多地保留屏幕空间，但仍允许用代码格式反映逻辑结构和嵌套。以下是几点提示：

① 标准嵌套块应缩进 4 个空格。

② 过程的概述注释应缩进 1 个空格。

③ 概述注释后的最高层语句应缩进 4 个空格，每一层嵌套块再缩进 4 个空格。例如：

```
'*******************************************************
' 目的：    返回指定用户在 UserList 数组中第一次出现的位置。
' 输入：    strUserList( ):  所查找的用户列表。
'          strTargetUser:  要查找的用户名。
' 返回：    strTargetUser 在 strUserList 数组中第一次出现时的索引。
'          如果目标用户未找到，返回 -1。
'*******************************************************

Function intFindUser (strUserList( ), strTargetUser)
    Dim i                  ' 循环计数器。
    Dim blnFound           ' 发现目标的标记。
    intFindUser = -1
    i = 0                  ' 初始化循环计数器。
    Do While i <= Ubound(strUserList) and Not blnFound
        If strUserList(i) = strTargetUser Then
            blnFound = True   ' 标记设为 True。
            intFindUser = i   ' 返回值设为循环计数器。
        End If
```

```
        i = i + 1          '循环计数器加 1。
    Loop
End Function
```

从上面的代码可以看到，注释对齐了，函数入口及功能也十分清楚。函数内部以漂亮的锯齿形结构突出了程序的逻辑结构。

2.2 实验

2.2.1 实验 1：变量的定义和赋值

1）实验目的

（1）掌握 Visual Basic 的数据类型和变量的定义方法。

（2）掌握赋值语句的使用。

2）实验内容

定义变量名分别为 v1、v2、v3、v4、v5 五个变量，变量的类型依次为整型、长整型、字符型、双精度型和日期型。给五个变量分别赋值如图 2-2-1 所示，并按照如图所示格式输出。

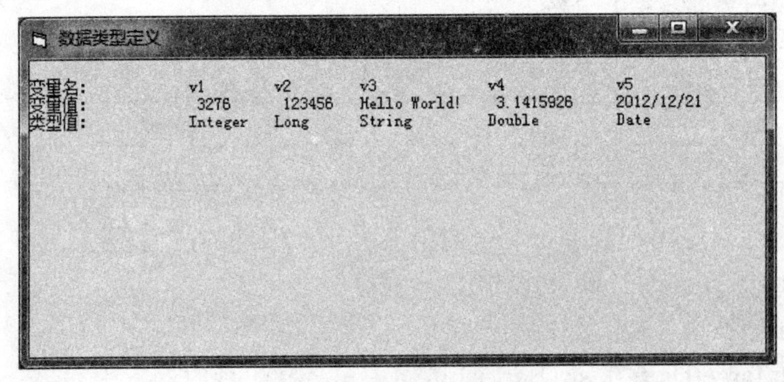

图 2-2-1 程序运行界面

3）实验步骤

（1）创建标准 EXE 类型的应用程序。

（2）添加窗体各事件代码：

```
Private Sub Form_Click( )
    Dim v1 As Integer
    Dim v2 As Long
    Dim v3 As String
    Dim v4 As Double
    Dim v5 As Date
    v1 = 3276
    v2 = 123456
    v3 = "Hello World!"
```

```
    v4 = 3.1415926
    v5 = #12/21/2012#
    Print
    Print "变量名："; Tab(20); "v1"; Tab(30); "v2"; Tab(40); "v3"; Tab(55); "v4"; Tab(70); "v5"
    Print "变量值：";
    Print Tab(20); v1; Tab(30); v2; Tab(40); v3; Tab(55); v4; Tab(70); v5
    Print "类型值：";
    Print Tab(20); TypeName(v1); Tab(30); TypeName(v2); Tab(40); TypeName(v3); Tab(55);
TypeName(v4); Tab(70); TypeName(v5)
End Sub

Private Sub Form_Load( )
    Me.Caption = "数据类型定义"
    Me.Width = 8000
End Sub
```

（3）保存工程。

（4）运行调试。

2.2.2 实验 2：求和程序

1）实验目的

（1）正确使用 Visual Basic 的运算符和表达式。

（2）掌握 Val( )函数的使用。

2）实验内容

编写一程序，界面如图 2-2-2 所示。要求分别在文本框中输入两个数，点击求和按钮，在第三个文本框中显示两个数的和。

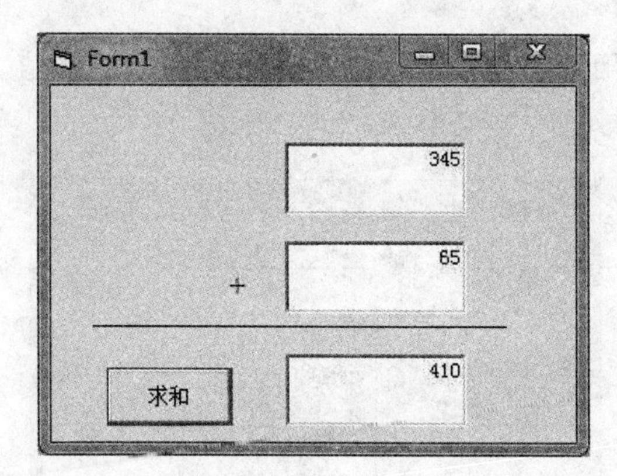

图 2-2-2 程序运行界面

3）实验步骤

（1）绘制三个文本框，一个标签，一个命令按钮和一条直线。调整控件大小及位置。

（2）按照表 2-2-1 设置各对象属性。

表 2-2-1 属性设置

控件对象	属性	属性值
文本框 1	Alignment	1
文本框 2	Alignment	1
文本框 3	Alignment	1
标签	Caption	+
	Font	14
命令按钮	Caption	求和

（3）编写如下程序代码：

```
Private Sub Command1_Click( )
  Dim a%, b%, c%
  a = Val(Text1.Text)
  b = Val(Text2.Text)
  c = a + b
  Text3.Text = c
End Sub
```

（4）保存工程。

（5）运行调试。

2.2.3 实验 3：求圆面积体积程序

1）实验目的

（1）掌握正确使用常数。

（2）掌握使对象获得焦点的方法。

（3）掌握 Format( )函数的使用。

2）实验内容

编写一程序，程序界面如图 2-2-3 所示。在界面上输入半径的值，点击“计算”按钮，计算球的体积和面积，并在文本框中显示。

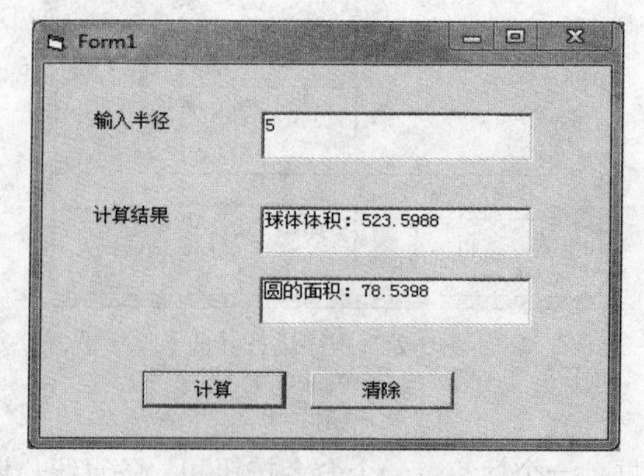

图 2-2-3 程序运行界面

3）实验步骤

（1）绘制两个标签，三个文本框和两个命令按钮，调整大小及位置。

（2）编写如下代码：

```
Const PI = 3.1415926
Private Sub Command2_Click( )
  Text1.Text = " "
  Text2.Text = " "
  Text3.Text = " "
  Text1.SetFocus
End Sub
Private Sub Command1_Click( )
  Dim R As Double, V As Double, S As Double
  R = Val(Text1.Text)
  V = 4 / 3 * PI * R ^ 3
  S = PI * R ^ 2
  Text2.Text = "球体体积：" & Format(V, "#.####")
  Text3.Text = "圆的面积：" & Format(S, "#.####")
End Sub
```

其中，定义常数 PI 的语句 Const PI = 3.1415926 需要在程序的通用段声明。

（3）保存工程。

（4）运行调试。

2.2.4 实验 4：交换一个两位数的个位和十位

1）实验目的

熟练使用数学函数完成应用。

2）实验内容

编写一程序，程序界面如图 2-2-4 所示。在界面上输入一个两位数，点击“交换”按钮后，在文本框中显示交换个位十位后的结果。点击“退出”按钮退出程序。

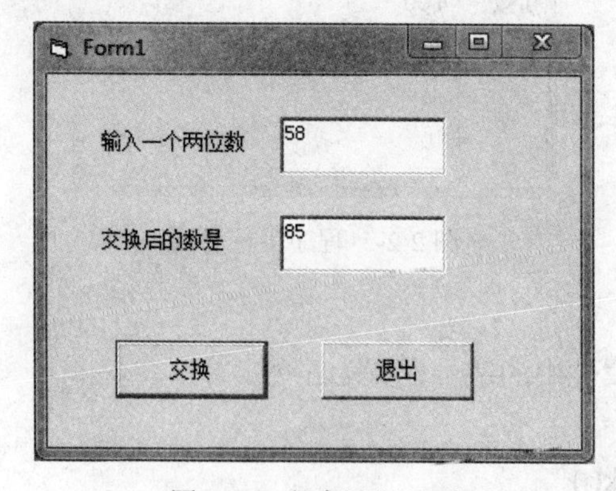

图 2-2-4 程序运行界面

3）实验步骤

（1）绘制两个标签，两个个文本框和两个命令按钮，调整大小及位置。

（2）编写如下代码：

```
Private Sub Command1_Click( )
    Dim inputNum As Integer
    Dim outputNum As Integer
    Dim a%, b%
    inputNum = Val(Text1.Text)
    a = Int(inputNum / 10)
    b = inputNum Mod 10
    outputNum = b * 10 + a
    Text2.Text = outputNum
End Sub

Private Sub Command2_Click( )
    End
End Sub
```

（3）保存工程。

（4）运行调试。

2.2.5 实验 5：求两个随机数的和

1）实验目的

掌握使用 Rnd( )函数生成[A,B]区间随机数的方法。

2）实验内容

编写一程序（见图 2-2-5），单击窗体产生两个两位随机整数并计算和，将产生的两个随机数和两个数的和显示在窗体上。

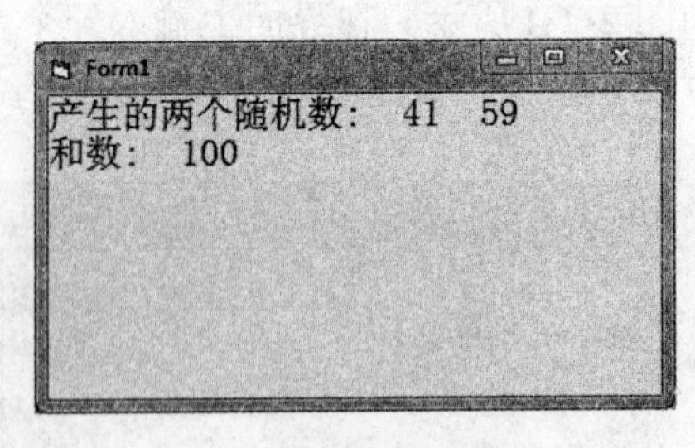

图 2-2-5 程序运行界面

3）实验步骤

（1）将窗体的 Font 属性中的字号设置为三号。

（2）编写如下代码：

```
Private Sub Form_Click( )
```

```
    Dim num1 As Integer, num2 As Integer, sum As Integer
    Randomize
    num1 = Int(90 * Rnd + 10)
    num2 = Int(90 * Rnd + 10)
    sum = num1 + num2
    Print "产生的两个随机数: "; num1; num2
    Print "和数: "; sum
End Sub
```

（3）保存工程。

（4）运行调试。

2.2.6 实验 6：显示日期程序

1）实验目的

掌握 Visual Basic 中常用时间函数的使用。

2）实验内容

编写一程序，使用 Visual Basic 提供的标准函数计算并在窗体上显示如图 2-2-6 所示内容。

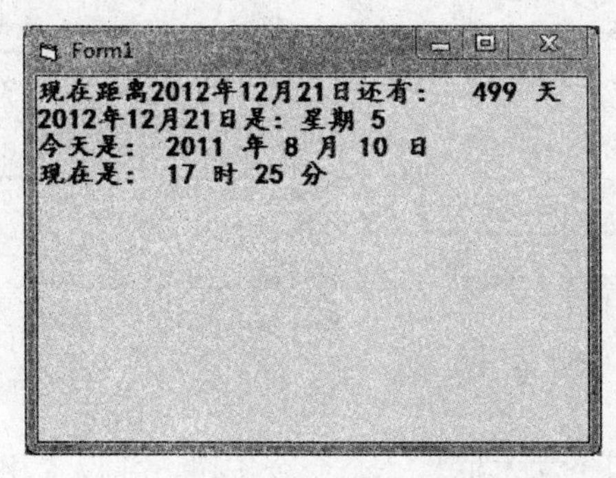

图 2-2-6 程序运行界面

3）实验步骤

（1）将窗体的 Font 属性中的字号设置为小四号，加粗，字体楷体。

（2）编写如下代码：

```
Private Sub Form_Click( )
    x = #12/21/2012#
    a = x - Date
    b = Weekday(x)
    c = Year(Date)
    d = Month(Date)
    e = Day(Date)
    f = Hour(Time)
    g = Minute(Time)
```

```
    Print "现在距离 2012 年 12 月 21 日还有：  "; a; "天"
    Print "2012 年 12 月 21 日是：星期"; b - 1
    Print "今天是：  "; c; "年"; d; "月"; e; "日"
    Print "现在是：  "; f; "时"; g; "分"
End Sub
```

（3）保存工程。

（4）运行调试。

2.2.7 实验 7：字符串的插入

1）实验目的

掌握 Visual Basic 中常用字符串函数的使用。

2）实验内容

编写一程序，界面设计如图 2-2-7 所示。在界面上输入要输入的字符串、插入点位置、要插入的字符串，单击“输出结果”按钮，将字符串插入到要插入的位置，并显示结果。

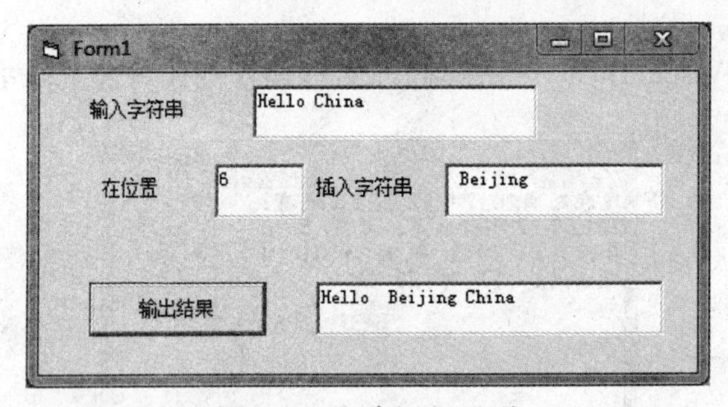

图 2-2-7 程序运行界面

3）实验步骤

（1）绘制三个标签、四个文本框、一个命令按钮，并设置相应属性。

（2）编写如下程序代码：

```
Private Sub Command1_Click( )
    Dim inputStr$, insertStr$, outputStr$
    Dim position%
    inputStr = Text1.Text
    position = Val(Text2.Text)
    insertStr = Text3.Text
    outputStr = Left(inputStr, position) & insertStr & Right(inputStr, Len(inputStr) - position)
    Text4.Text = outputStr
End Sub
```

（3）保存工程。

（4）运行调试。

2.2.8 实验 8：函数计算器

1）实验目的

（1）掌握 Visual Basic 中常用数学函数的使用。

（2）掌握对象的可见与不可见，可用与不可用的控制方法。

2）实验内容

要求程序运行的初始界面如图 2-2-8 所示，用命令按钮“ON/OFF”来开关计算器，处于打开状态的用户界面如图 2-2-9 所示。关闭时回到初始状态。Sin、Cos、Sqr、Int、Fix、Hex 函数将文本框中的数据作为函数的输入参数，单击这些函数命令按钮，会在文本框中显示其函数值。单击“Date”按钮在文本框中显示系统日期；单击“Time”按钮在文本框中显示系统的时间。单击“清除”按钮，清除文本框中的内容并设置焦点。

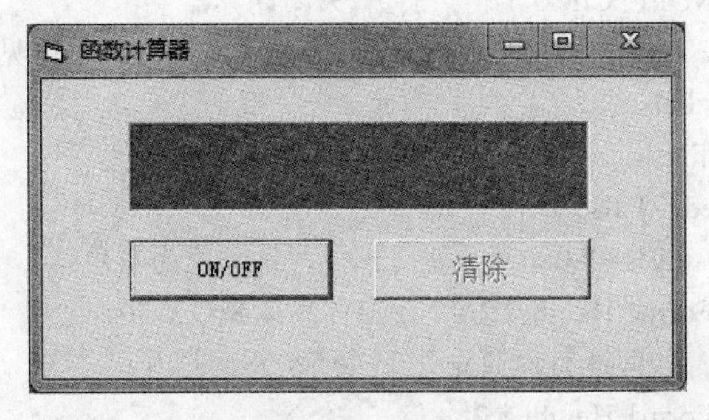

图 2-2-8 程序运行界面

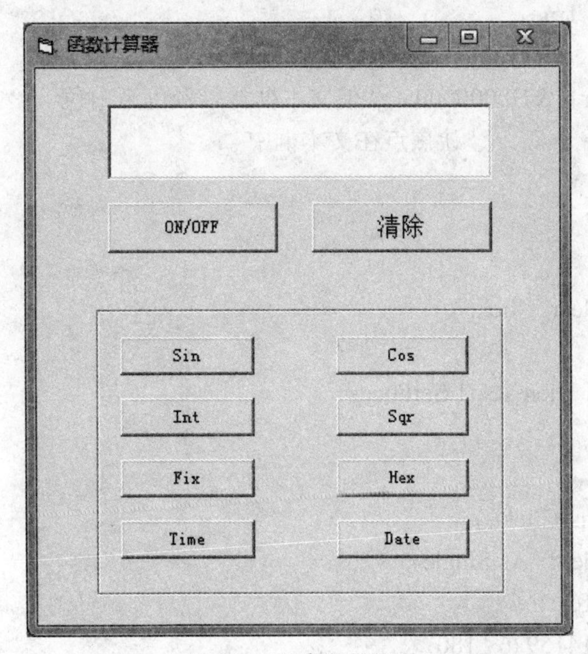

图 2-2-9 程序运行界面

3）实验步骤

（1）按照图 2-2-9 设计程序界面。绘制一个文本框，一个“ON/OFF”按钮，一个“清除”按钮，绘制框架，然后在框架里绘制 8 个命令按钮。

（2）编写如下代码：

```
Private Sub Form_Load( )          '设置计算器初始状态处于关闭状态
  Frame1.Visible = False
  Text1.Enabled = False
  CmdClear.Enabled = False
  Text1.BackColor = &H808080
  Form1.Height = Form1.Height / 2
End Sub
Private Sub CmdONOFF_Click( )      '打开/关闭计算器
  If Frame1.Visible Then       '如果函数按钮组可见，则让其不可见，即关闭
  Frame1.Visible = False
  Text1.Enabled = False
  CmdClear.Enabled = False
  Text1.BackColor = &H808080     '使文本框背景颜色为灰色
  Form1.Height = Form1.Height / 2   '让窗体高度减少一半
  Else                  '即计算器原先处于关闭状态，打开
  Form1.Height = Form1.Height * 2
  Frame1.Visible = True
  Text1.Enabled = True
  CmdClear.Enabled = True
  Text1.BackColor = &H80000005   '使文本框背景颜色为白色
  Text1.SetFocus           '让焦点在文本框中
  End If
End Sub

Private Sub CmdClear_Click( )
  Text1.Text = ""
  If Text1.Enabled Then Text1.SetFocus
End Sub

Private Sub CmdSin_Click( )
  Dim arf As Single, fx As Single
  arf = Val(Text1.Text)
  fx = Sin(arf * 3.1415926 / 180)
  Text1.Text = Str$(fx)
```

```
End Sub

Private Sub CmdCos_Click( )
   Dim arf As Single, fx As Single
   arf = Val(Text1.Text)
   fx = Cos(arf * 3.1415926 / 180)
   Text1.Text = Str$(fx)
End Sub

Private Sub CmdDate_Click( )          ' 在文本框显示系统日期
   Text1.Text = Format(Date, "今天是 yyyy 年 m 月 dd 日")
End Sub

Private Sub CmdTime_Click( )
   Text1 = "现在时间是：" & Time
End Sub

Private Sub CmdInt_Click( )
   Dim inNum As Integer
   inNum = Val(Text1.Text)
   Text1.Text = Int(inNum)
End Sub

Private Sub CmdFix_Click( )
   Dim inNum As Integer
   inNum = Val(Text1.Text)
   Text1.Text = Fix(inNum)
End Sub

Private Sub CmdSqr_Click( )
   Dim inNum As Integer
   inNum = Val(Text1.Text)
   Text1.Text = Sqr(inNum)
End Sub

Private Sub CmdHex_Click( )
   Text1.Text = Hex(Val(Text1.Text))
End Sub
```

（3）保存工程。

（4）运行调试。

2.3 练习题

1）选择题

（1）在 Visual Basic 中，下列优先级最高的运算符是（ ）。

A. *　　B. \　　C. <　　D. Not

（2）设有如下声明：Dim x As Integer，如果 Sgn（x）的值为-1，则表示 x 的值是（ ）。

A. 整数　　B. 大于 0 的整数　　C. 等于 0 的整数　　D. 小于 0 的数

（3）以下关系表达式中，其值为 False 的是（ ）。

A. " XYZ " < " XYz "　　B. " VisualBasic " = " visualbasic "

C. " the " <> " there "　　D. " Ihteger " > " Int "

（4）下列表达式中值为-6 的是( )。

A. Fix（-5.684）　　B. Int（-5.684）　　C. Fix（-5684＋0.5）　　D. Int（-5.684-0.5）

（5）Print 3＋4\5*6/7 Mod 8 的输出结果是( )。

A. 3　　B. 4　　C. 5　　D. 6

（6）下列可作为 Visual Basic 的变量名的是( )。

A. Filename　　B. A（A＋B）　　C. A%D　　D. Print

（7）设 a=2，b=3，c=4，d=5，表达式 a>b AND c<=d OR 2 * a>c 的值是( )。

A. 1　　B. True　　C. False　　D. -1

（8）在 Visual Basic 中，默认的数据类型为( )。

A. Double　　B. Boolean　　C. Integer　　D. Variant

（9）DateTime 是一个 Date 类型的变量，以下赋值语句中正确的是( )。

A. DateTime="5/12/2010"　　B. DateTime=September 1，2010

C. DateTime=#12：15：30 AM#　　D. DateTime=（"8/8/10"）

（10）变量定义语句 Dim Index#与下面的（ ）等价。

A. Dim Index As Long　　B. Dim Index As Integer

C. Dim Index As Single　　D. Dim Index As Double

（11）定义符号常量所使用的命令为（ ）。

A. Dim　　B. Public　　C. Static　　D. Const

（12）用于获取字符串长度的函数是（ ）。

A. Len( )　　B. Length( )　　C. StrLen( )　　D. StrLength( )

（13）用于获得字符串 S 最左边 4 个字符的函数是（ ）。

A. Left（S，4）　　B. Left（1，4）　　C. Leftstr（S）　　D. Leftstr（S，4）

（14）把 1.21576654590569D＋019 写成普通的十进制数是（ ）。

A. 12157665459056900　　B. 121576654590569000

C. 1215766545905690000　　D. 12157665459056900000

（15）实现字符的 Unicode 编码方式与 ANSI 编码方式相互转换的函数是（ ）。

A．Str　　B．StrConv　　C．Trim　　D．Mid

（16）设 a=“Visual Basic”，下面使 b=“Basic”的语句是（ ）。

A．b=Left（a，8，12）　　B．b=Mid（a，8，5）　　C．b=Right（a，5，5）　　D．b=Left（a，8，5）

（17）如果在立即窗口中执行以下操作：

a=8 ＜CR＞（＜CR＞是回车键，下同）

b=9 Print a＞b ＜CR＞则输出结果是（ ）。

A．-1　　B．0　　C．False　　D．True

（18）以下语句的输出结果为（ ）。

Print Format$（" 32548.5 "，000，000.00）

A．32548.5　　B．32，5485　　C．032，548.50　　D．32，548.50

（19）设 A$=" Beijing "，b$=" Shanghai "，则语句

Print Left（A，7）＋String（3，“-”）＋Left（B，8）

运行时的输出结果为（ ）。

A．Beijing-Shanghai　　B．Beijing—Shanghai　　C．Beijing---Shanghai　　D．Beijingshanghai-

（20）下面逻辑表达式的值为真的是（ ）。

A．" A " ＞ " a "　　B．" 9 " ＞ " a "　　C．" That " ＞ " Thank "　　D．12＞12.1

（21）为了给 x、y、z 三个变量赋初值 1，下面正确的赋值语句是（ ）。

A．x=1：y=1：z=1　　B．x=1，y=1，z=1　　C．x=y=z=1　　D．1=x：1=y：1=z

（22）下面变量名错误的是（ ）。

A．面积　　B．frm_bc　　C．a123　　D．print

（23）强制进行变量的显式声明的语句是（ ）。

A．Option Base　　B．Option Explicit　　C．Public　　D．const

（24）下列数据中，（ ）数据是变量

A．VClass　　B．" 10/12/10 "　　C．True　　D．#February 4，2010#

（25）可以同时删除字符串前导和尾部空白的函数是（ ）。

A．Trim　　B．Mid　　C．Ltrim　　D．Len

2）填空题

（1）有变量定义语句“Dim Strl，Str2 As String”，其中 Strl 变量的类型应为________________，其中，Str2 变量的类型应为________________。

（2）Visual Basic 中的变量依据其作用域的不同可以分为局部变量、模块变量和全局变量三类。局部变量就是在事件过程或通用过程内定义的变量，它的作用域就是________。模块变量包括窗体模块变量和标准模块变量。窗体模块变量的作用域是_______。标准模块变量作用域是_______。全局变量的作用域是______。

（3）设有如下程序段：

a= " Visual Basic Programming "

b = " .NET "

c=Left（a，12）& b & Right（a，12）

执行该程序段后，变量 c 的值为________________。

（4）设有如下程序段：

a= " BeijingShanghai "

b=Mid（a，Instr（a，" g "）+1）

执行上面的程序段后，变量 b 的值为________________。

（5）与数学式子 5+（a+b）2 对应的 Visual Basic 表达式是________________。

（6）与数学表达式 cos2（a+b）+e3+21n2 对应的 Visual Basic 表达式是________________。

（7）当前日期为 2010 年 10 月 9 日，星期五，则执行以下语句后，输出结果是____________。

Print day（now）<CR>（<CR>为回车，下同）

Print month（now）<CR>

Print year（now）<CR>

（8）执行下列语句后，输出的结果是________________。

a%=3．14159 <CR>

Print a% <CR>

（9）执行下列语句后，输出的结果是________________。

S="ABCDEFGHIJK"

Print Instr（S，" efg "）

Print Lcase（S）

（10）在 VB 程序设计时，为了在一行中写下多条语句，可以使用_______符号作为分隔符号。

（11）定义变量 x 和 y 是整型数据的语句为________________。

（12）表达式 Fix（-3．8）+Int（-21.9）的值为________________。

（13）日期表达式#10/15/2010# - #10/25/2010#的值是____________。

（14）Visual Basic 允许用户在编写应用程序时，不声明变量而直接使用，系统临时为新变量分配存储空间并使用，这就是隐式声明。所有隐式声明的变量都是__________数据类型。

（15）写出产生一个两位随机正整数的 VB 表达式______________________。

第3章 Visual Basic 数据的输入与输出

3.1 知识要点

3.1.1 赋值语句

格式：[let]variable=表达式

功能：计算赋值号右侧表达式的值，然后将计算结果赋给左侧的变量。

说明：

① Let：表示赋值，通常省略。

② 表达式：可以是任何类型的表达式，一般其类型应与变量的类型一致。

③ 一个赋值语句只能对一个变量赋值。

④ 赋值号两边的数据类型要匹配，不能把字符串的值赋给数值型变量，但可使用类型转换函数先将数据转换成与左边变量名相同的类型，然后再赋值。

⑤ 要在一行中给多个变量赋值，可以用冒号将语句与语句之间隔开。

3.1.2 InputBox 函数

InputBox 函数是提供从键盘输入数据的函数。该函数在执行过程中会产生一个对话框，等待用户在该对话框中输入数据，并返回所输入的内容。

格式：InputBox（提示信息[，对话框标题][，默认内容][，x 坐标位置][，y 坐标位置]）

功能：提供一个简单的对话框，供用户输入信息。

说明：

① 提示信息：必选项，为字符串表达式，在对话框中作为提示用户操作的信息。

② 对话框标题：可选项，为字符串表达式，用于对话框标题的显示。如果省略，则把应用程序名作为对话框的标题。

③ 默认内容：可选项，为字符串表达式，在没有输入前作为缺省内容显示在输入文本框中，如果省略，则文本框为空。

④ x 坐标位置与 y 坐标位置：可选项，为数值表达式，该坐标值确定了对话框左上角在屏幕上的位置，以屏幕左上角为坐标原点，单位为 twip。

⑤ InputBox 函数返回值的默认类型为字符串。如果需要输入的数值参加运算时，必须在运算前使用 Val 函数把它转换为相应类型的数值，或事先声明变量类型。

⑥ 每执行一次 InputBox 函数，只能输入一个值，如果需要输入多个值，则必须多次调用 InputBox 函数，通常与循环语句、数组结合使用。

⑦ 对话框显示的信息，若要分多行显示，必须加回车换行符，即 Chr（13）＋Chr（10）或 Visual Basic 常数 vbCrLf。

InputBox 函数的用法：变量=InputBox（提示信息[，对话框标题][，默认内容][，x 坐标位置][，y 坐标位置）。

3.1.3 Print 语句和相关函数

在程序中使用 Print 语句可将文本字符串、变量值或表达式值在窗体、图形对象或打印机上输出。

1）Print 语句的格式和用法

格式：[对象名.]Print[[表达式表]，|；]

Print 语句的格式和功能与 BASIC 语言中的 Print 语句类似，都可用来输出操作。

说明：

① 对象名：可以是窗体（Form）、图片框（PictureBox）或打印机（Printer），也可以是立即窗口（Debug）。如果省略了“对象名”，则系统默认在当前窗体上输出。

② 表达式表:可以是一个变量名或多个变量名,也可以是一个表达式或多个表达式。表达式可以是数值表达式或字符串表达式。当输出对象为数值表达式时,打印输出该表达式的值,当输出对象为字符串表达式时,打印输出该字符串的原样。如果省略“表达式表”,则输出一个空行。

③ 当输出多个表达式或变量时,各表达式或变量之间需要使用分隔符（“,”、“；”或空格,英文状态输入）间隔。其中,逗号（“,”）分隔:按标准格式（分区格式）输出,即各数据项占 14 位字符；分号（“；”）或空格分隔:按紧凑格式输出,当输出数值型数据时,在该数值前留一个符号位,数值后留一个空格,当输出字符串时,前后都不留空格。

④ Print 语句具有计算和输出的双重功能,对于表达式,先计算,后输出,但不具备赋值功能。

⑤ Print 语句最后标点的用法:在 Print 语句的最后加上“,”时,下一个 Print 语句的内容在同一行上按标准格式输出；在 Print 语句的最后加上“；”时,下一个 Print 语句的内容在同一行上按紧凑格式输出；在 Print 语句的最后不加标点时,输出该 Print 语句的内容后换行。

2）使用一些函数来指定输出格式

在使用 Print 语句时可以按照标准格式、紧凑格式输出，同时还可以在 Print 语句中使用一些函数来指定它的输出格式。主要包括 Tab、Spc、Space 和 Format 函数。

（1）Tab 函数：

格式：Tab（n）

功能：在 Print 语句中使用 Tab 函数时,先将光标移动到由参数 n 指定的位置,然后从该位置起输出显示该语句中所指对象的内容。

说明：

① 参数 n 为数值表达式,取正整数,它指定下一个输出对象的列号位置,表示在输出前把光标或打印头移到该列。如果当前显示位置已经超过 n,则下移一行。

② 在 Visual Basic 中对参数 n 没有具体限制。当 n 大于行宽时，显示列号为 n Mod 行宽；如果 n<1，则把输出列号位置移到第一列。

③ 当在一个 Print 语句中使用多个 Tab 函数时，每一个 Tab 函数对应一个输出项，各输出项之间用分号间隔。

（2）Spc 函数：

格式：Spc（n）

功能：在 Print 语句的输出中，用 Spc 函数可以输出 n 个空格。

说明：

① 参数 n 是数值表达式,取值为 0～32767 的整数。Spc 函数和输出项之间用分号间隔。

② Spc 函数和 Tab 函数类似,在应用中可以相互代替。所不同的是:Tab 函数应在输出对象前指定列号位置,而 Spc 函数则表示在两个输出对象之间使用间隔。

（3）空格函数 Space：

格式：Space$（n）或 Space（n）

功能：Space$函数返回 n 个空格。

（4）格式输出函数 Format：

使用格式输出函数 Format( )，可以使数值或日期按指定的格式输出。

格式：Format$（数值表达式,格式字符串）。

功能：该函数可按"格式字符串"指定的格式输出"数值表达式"的值。

如果省略"格式字符串"，则与 Str 函数（字符串转换函数）的功能基本相同。差别仅在于,当把正整数转换为字符串时，Str 函数在字符串前留一个空格，而 Format 函数则不留空格。输出格式主要包括在输出的字符串前加 $，字符串前或后补充 0，加千位分隔符等。"格式字符串"是字符串常量或变量，由专门的格式说明字符组成，这些专用字符决定了数据项的显示格式,并指定显示区段的长度。当格式字符为常量时,该格式字符常量必须放在双引号中。格式字符如表 3-1-1 所示。

表 3-1-1 格式字符

字 符	作 用
#	用于数字,不在前面或后面补 0
0	用于数字,在前面或后面补 0
.	小数点
,	千分位分隔符
%	百分比分隔符
$	美元符号
-、+	负号、正号
E+、E-	指数符号

说明：

① "#"：表示一个数字位。它的个数决定了显示区段的长度。如果所显示数值的位数小于格式字符"#"指定的区段长度，则该数值靠区段的左边显示，多余的位数不补 0；如果所显示数值的位数大于格式字符"#"指定的区段长度，则数值按原样显示。

② "0"：其功能与"#"格式字符相同，但当所显示数值的位数小于格式字符"0"指定的区段长度，则该数值靠区段的左边显示"0"字符。

3）与 Print 配合使用的方法

在使用 Print 语句时,经常会使用 Cls 方法、Move 方法。使用这些方法能增强 Print 语句的功能。

（1）Cls 方法：

Cls 格式：[对象.]Cls

功能：Cls 方法能清除由 Print 方法显示的文本或图片框中显示的图形,并将光标移到对象（指窗体或图片框）的左上角（0,0）点。如果省略"对象",则清除当前窗体内的显示内容。

（2）Move 方法：

Move 格式：[对象.] Move 左边距离[,上边距离[,宽度[,高]]]

功能：用来移动窗体和控件,并改变窗体和控件的大小。

说明：

① 格式中的对象可以是窗体及除计时器（Timer）、菜单（Menu）之外的所有控件。如果省略该项,则对当前窗体移动。

② 左边距离、上边距离、宽度和高均以 twip 为单位。如果对象是窗体,左边距离和上边距离均以屏幕的左边界和上边界为准；如果对象是控件,则以窗体的左边界和上边界为准。

3.1.4 MsgBox 函数和语句

1）MsgBox 函数

MsgBox 函数用于输出数据，它会在屏幕上显示一个对话框，向用户传递信息，并通过用户在对话框上的选择接收用户所作的响应，作为程序继续执行的依据。

MsgBox 函数的一般形式为：MsgBox（提示信息[，按钮][，标题]）

说明：

① 提示信息：为必选项。使用字符串表达式，在对话框中作为信息显示。

② 按钮：为可选项。使用整型表达式，决定信息框按钮的数目及出现在信息框上的图标类型，其设置如表 3-1-2 所示。

表 3-1-2 按钮值的取值类型

符号常量	值	作 用
vbOkOnly	0	只显示“确定”按钮
vbOkCancel	1	显示“确定”和“取消”按钮
vbAbortRetryIgnore	2	显示“终止”、“重试”和“忽略”按钮
vbYesNoCancel	3	显示“是”、“否”和“取消”按钮
vbYesNo	4	显示“是”和“否”按钮
vbRetryCancel	5	显示“重试”和“取消”按钮
vbCritical	16	显示 Critical Message 图标
vbQuestion	32	显示 Warning Query 图标
vbExclamation	48	显示 Warning Message 图标
vbInformation	64	显示 Information Message 图标

（续表）

符号常量	值	作 用
vbDefaultBotton1	0	第一个按钮是默认按钮
vbDefaultBotton2	256	第二个按钮是默认按钮
vbDefaultBotton3	512	第三个按钮是默认按钮
vbDefaultBotton4	768	第四个按钮是默认按钮
vbApplicationModal	0	应用程序强制返回；并一直被挂起，直到用户对消息框作出响应才继续开始工作
vbSystemModal	4096	系统强制返回；全部应用程序都被挂起，直到用户对消息框作出响应才继续开始工作
vbMasgBoxHelpButton	16384	将 Help 按钮添加到对话框
vbMasgBoxSetForeground	65536	指定对话框为前景窗口
vbMasgBoxRight	524288	文本为右对齐
vbMasgBoxRtlReading	1048576	指定文本应为从右到左显示

上述表中的数值分为五类，其作用分别如下：

① 数值 0～5：按钮共有 7 种，即确定、取消、终止、重试、忽略、是和否。每个数值可表示一种组合方式。

② 数值 16、32、48、64：指定对话框所显示的图标，共有 4 种，其中，n 指定暂停（X）；32 表示疑问（？）；48 用于警告（!）；64 用于忽略（I）。

③ 数值 0、256、512、768：指定默认活动按钮（按钮上文字的周围有虚线）。接回车键后可执行该操作。

④ 数值 0 和 4096：分别用于应用程序和系统的强制返回。

⑤ 数值 16384、65536、524288 和 1048576：为不常用的参数。

按钮参数可由四类数值组成，组成的原则是：从每一类中选择一个值，并用加号（+）连接，不同的组合得到不同的结果。

③标题：为可选项。使用字符串表达式，显示对话框标题。

MsgBox 函数返回的是一个整型值,这个整数与所选择的按钮有关。其数值的意义如表 3-1-3 所示。

表 3-1-3 MsgBox 函数的返回值

返回值	操 作	符号常量
1	返回“确定”按钮	vbOk
2	返回“取消”按钮	vbCancel
3	返回“终止”按钮	vbAbort
4	返回“重试”按钮	vbRetry
5	返回“忽略”按钮	vbIngnore
6	返回“是”按钮	vbYes
7	返回“否”按钮	VbNo

注意：在应用程序中，MsgBox 函数的返回值通常用来作为继续执行程序的依据，根据该返回值决定其后的操作。

2）MsgBox 语句

MsgBox 语句的一般形式为：MsgBox 提示信息[，按钮][，标题]

其参数的意义与 MsgBox 函数相同。

MsgBox 语句的作用：打开一个对话框，在对话框中显示消息，等待用户选择一个按钮，但没有返回值。MsgBox 语句作为过程调用，一般用于简单信息显示。

说明：

① 模态窗口（Modal Window）：当屏幕上出现一个窗口（或对话框）时，如果需要在提示窗口中选择选项（按钮）后才能继续执行程序，则该窗口称为模态窗口。在程序运行时，模态窗口挂起应用程序中其他窗口的操作。

② 非模态窗口（Modaless Window）：当屏幕上出现一个窗口时，允许对屏幕上的其他窗口进行操作，该窗口称为非模态窗口。

③ MSgBox 函数和 MsgBox 语句强制所显示的信息框为模态窗口。在多窗体程序中，可以将某个窗体设置为模态窗口。

3.1.5 使用常用标准控件输入输出数据

除了上面提到的方法，还可以使用文本框、标签、图片框等标准控件实现程序的输入输出，可参见相关章节，在此不赘述。下面介绍一下使用 PrintForm 方法可通过窗体来打印信息。

PrintForm 一般格式为：[窗体.]PrintForm

直接输出是将每行信息通过打印机设备直接打印出来，窗体输出则需要先把输出的信息送到窗体上，然后再使用 PrintForm 方法把窗体上的内容打印出来。格式中的"窗体"是指要打印的窗体名，如果是打印当前窗体上的信息或只对一个窗体操作，则窗体名可以省略。

说明：

① 在使用窗体输出时，首先将"AutoRedraw"属性设置为 True，该属性可用来保存窗体上的信息。"AutoRedraw"属性的默认值是 False。

② 使用 PrintForm 方法不仅可以输出窗体上的文字，而且可以打印窗体上所有可见的任何控件及图形。

3.2 实验

3.2.1 实验 1：PRINT 语句分隔符

1）实验目的

掌握在 Print 方法中使用不同分隔符控制输出格式。

2）实验内容

在窗体 Form1 的 Click 事件中编写如下程序代码，观察运行结果，掌握使用不同分隔符时输出格式的变化。

```
Private Sub Form_Click( )
    Print "1""2""3"
    Print "1"; "2"; "3"
    Print "1", "2", "3"
    Print 1; 2; 3
    Print 1, 2, 3
    Print 4 / 2 + 3, "Hello"; Spc(1); "World", 1 < 5
    Print "abcd" > "abc"
End Sub
```

3.2.2 实验 2：参照格式输出

1）实验目的

掌握在 Print 方法中相关格式函数的使用。

2）实验内容

在窗体上参照图 3-2-1 格式输出相应内容。

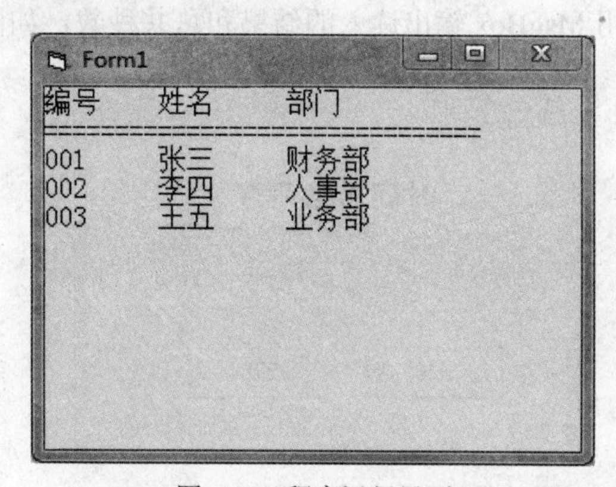

图 3-2-1 程序运行界面

3）实验步骤

（1）将 form1 的 Font 属性中字号设置为“小四”。

（2）编写如下代码：

```
Private Sub Form_Click( )
    Print "编号"; Tab(9); "姓名"; Tab(18); "部门"
    Print "=================================="
    Print "001"; Spc(5); "张三"; Spc(5); "财务部"
    Print "002"; Spc(5); "李四"; Spc(5); "人事部"
    Print "003"; Spc(5); "王五"; Spc(5); "业务部"
End Sub
```

注：可以尝试灵活使用 print 方法的函数，参考如下代码，输出同样结果。

```
Private Sub Form_Click( )
```

```
    Print "编号"; Tab(9); "姓名"; Tab(18); "部门"
    Print "=================================="
    Print "001"; Spc(5); "张三"; Spc(5); "财务部"
    Print "002"; Tab(9); "李四"; Spc(5); "人事部"
    Print "003"; Space(5) + "王五"; Space(5) + "业务部"
End Sub
```

（3）保存工程。

（4）运行调试。

3.2.3 实验 3：时间转换程序

1）实验目的

（1）掌握使用 InputBox 输入数据的方法。

（2）掌握使用 MsgBox 输出数据的方法。

2）实验内容

设计如图 3-2-2 所示界面。单击“计算”按钮，显示 InputBox，分别读入小时数、分钟数和秒数（见图 3-2-3），并使用 MsgBox 输出读入的结果和总共秒数，如图 3-2-4 所示。

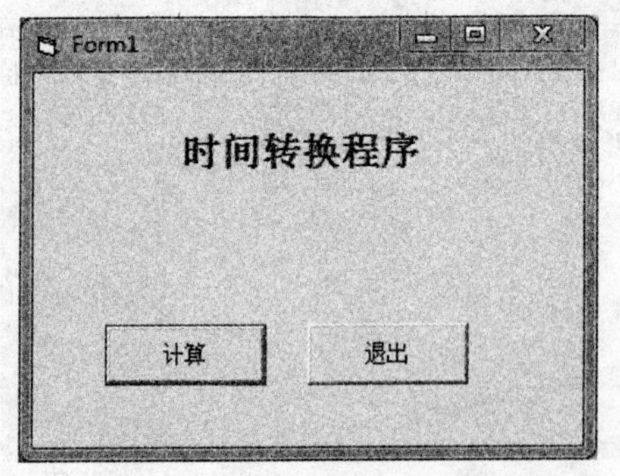

图 3-2-2 程序运行初始界面

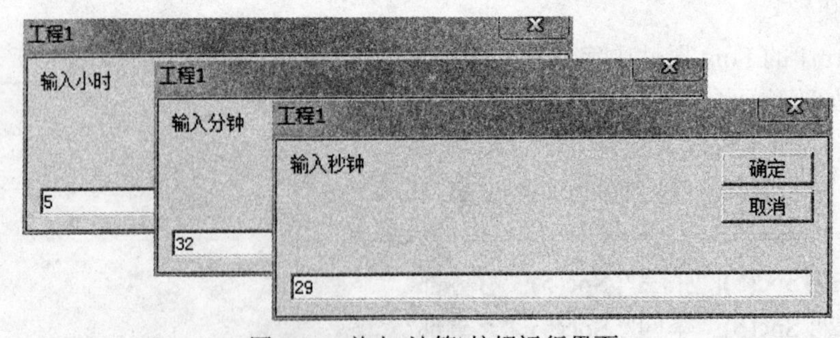

图 3-2-3 单击“计算”按钮运行界面

图 3-2-4 运行结果

3）实验步骤

（1）绘制一个标签和两个命令按钮，将标签的 Font 属性中字号设置为“三号”，调整大小及位置，如图 3-2-2 所示。

（2）编写如下代码：

```
Private Sub Command1_Click( )  '计算
  Dim hh%, mm%, ss%, Totals!
  Dim Outstr$
  hh = Val(InputBox("输入小时"))
  mm = Val(InputBox("输入分钟"))
  ss = Val(InputBox("输入秒钟"))
  Totals = hh * 3600 + mm * 60 + ss
  Outstr = hh & "小时 " & mm & "分 " & ss & "秒"
  Outstr = Outstr & vbCrLf & "总计： " & Totals & "秒"
  MsgBox Outstr, , "输出结果"
End Sub

Private Sub Command2_Click( ) '结束程序运行
  End
End Sub
```

（3）保存工程。

（4）运行调试。

3.2.4 实验 4：练习题生成器

1）实验目的

掌握在文本框中输出多行内容的方法。

2）实验内容

设计一个程序，单击“生成练习题”按钮，在文本框中生成一道 100 以内整数加法题。程序运行界面如图 3-2-5 所示，每单击一次，则在文本框中产生一题。

3）实验步骤

（1）绘制一个文本框和一个命令按钮，将文本框的 Multiline 属性设置为 True，并设置垂直滚动条（ScrollBars=2）。

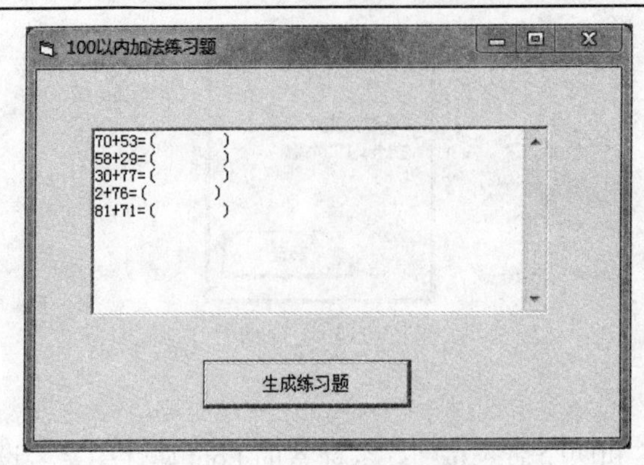

图 3-2-5 程序运行界面

（2）编写如下代码：

```
Private Sub Command1_Click( )
  Dim x%, y%
  x = Int(Rnd * 99) + 1
  y = Int(Rnd * 99) + 1
  Text1 = Text1 & x & "+" & y & "=(        )" + vbNewLine
End Sub
```

（3）保存工程。

（4）运行调试。

3.2.5 实验 5：计时器

1）实验目的

（1）掌握 Format 函数的使用。

（2）掌握 Date 型变量的使用。

（3）掌握模块级变量的使用。

2）实验内容

设计、编写一程序，界面如图 3-2-6 所示。单击“开始”按钮，开始计时，并将时间显示在文本框中，同时该按钮变为不可用，“停止”按钮变为可用。单击“停止”按钮，显示停止时间和经过时间，并且“停止”按钮不可用，“开始”按钮可用。

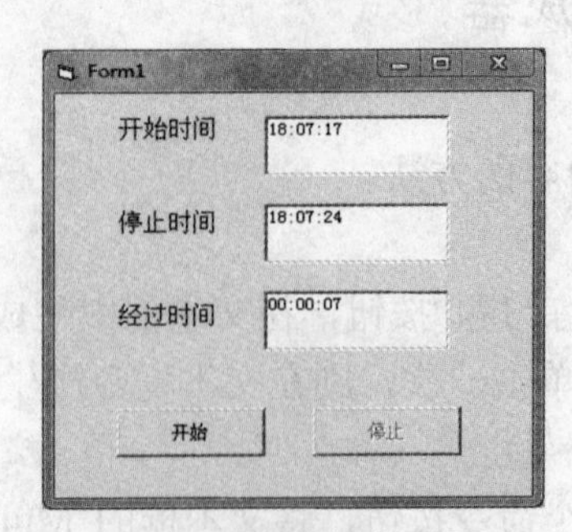

图 3-2-6 程序运行界面

3）实验步骤

（1）绘制三个文本框、两个命令按钮，三个标签。

（2）编写如下代码：

```
Dim starttime As Date
Dim endtime As Date
Dim interval As Date

Private Sub Command1_Click( )
   starttime = Now
   Text1.Text = Format(starttime, "hh:mm:ss")
   Text2.Text = ""
   Text3.Text = ""
   Command1.Enabled = False
   Command2.Enabled = True
End Sub

Private Sub Command2_Click( )
   endtime = Now
   interval = endtime - starttime
   Text2.Text = Format(endtime, "hh:mm:ss")
   Text3.Text = Format(interval, "hh:mm:ss")
   Command1.Enabled = True
   Command2.Enabled = False
End Sub
```

（3）保存工程。

（4）运行调试。

3.2.6 实验 6：时间转换程序

1）实验目的

（1）掌握使用 InputBox 输入数据的方法。

（2）掌握使用 MsgBox 输出数据的方法。

2）实验内容

编一程序，使用 InputBox 输入以秒为单位表示的时间，InputBox 的缺省值是 20000，将该输入的秒数转换成几时几分几秒的形式，并用 MsgBox 输出。输入输出的具体格式参见图 3-2-7 所示。

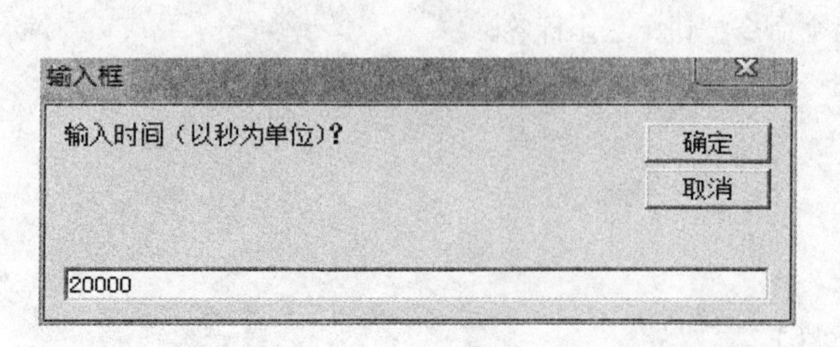

图 3-2-7 程序运行界面

3）实验步骤

（1）编写如下代码：

```
Private Sub Form_Load( )
    Dim inputs As Long
    Dim s%, m%, h%
    Dim outSt As String
    inputs = Val(InputBox("输入时间（以秒为单位）? ", "输入框", 20000))
    h = inputs \ 3600
    m = (inputs Mod 3600) \ 60
    s = inputs Mod 60
    outSt = inputs & " 秒等于" & vbCrLf & h & " 小时 " & m & " 分 " & s & " 秒"
    MsgBox outSt, , "时间换算"
    Form1.Hide
End Sub
```

（2）保存工程。

（3）运行调试。

3.2.7 实验 7：找钱计算程序

1）实验目的

掌握按照格式要求，使用 MsgBox 输出结果的技巧。

2）实验内容

编一程序，用户输入应收款和实收款，单击“计算找钱”按钮，程序计算出应找的钱数，并列出各种票额钞票总张数最少的找钱方案。如图 3-2-8 所示。

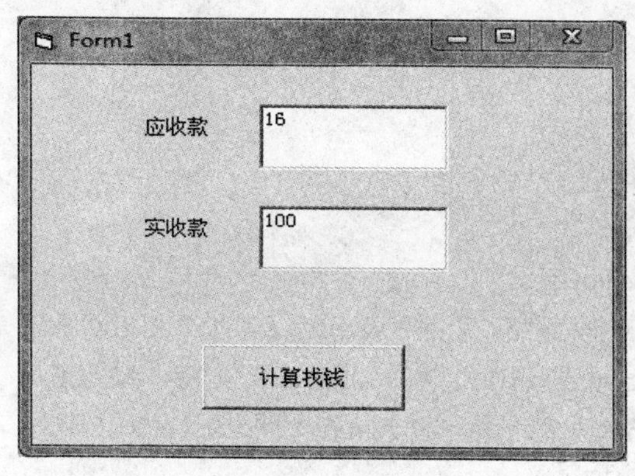

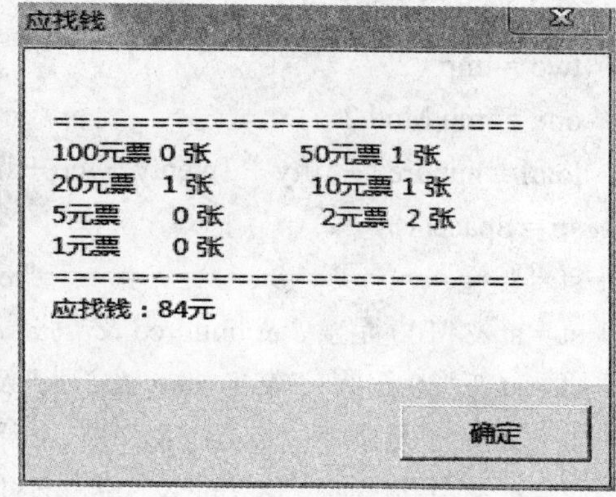

图 3-2-8 程序运行界面

3）实验步骤

（1）在 Form1 上绘制两个标签，两个文本框和一个命令按钮。

（2）编写如下代码：

```
Private Sub Command1_Click( )
    Dim st As String, sp As String  ' 输出字符串，空格串
    Dim pay As Integer, cost As Integer, change As Integer, tmp As Integer
    Dim hundred As Integer  '100 元票面数量
    Dim fifty As Integer    '50 元票面数量
    Dim Twenty As Integer   '20 元票面数量
    Dim ten As Integer      '10 元票面数量
    Dim five As Integer     '5 元票面数量
    Dim two As Integer      '2 元票面数量
    Dim one As Integer      '1 元票面数量
    Dim total As Integer    '总计最小钞票数量
    pay = Val(Text2)
    cost = Val(Text1)
    change = pay - cost
    hundred = change \ 100      '求 100 元票面数量
    tmp = change Mod 100        ' 求剩余金额
    fifty = tmp \ 50
    tmp = tmp Mod 50
    Twenty = tmp \ 20
    tmp = tmp Mod 20
    ten = tmp \ 10
    tmp = tmp Mod 10
    five = tmp \ 5
```

```
    tmp = tmp Mod 5
    two = tmp \ 2
    one = tmp Mod 2
    total = hundred + fifty + Twenty + ten + five + two + one
    sp = Space(10)
    st = "============================" & vbCrLf
    st = st & "100 元票 " & hundred & " 张" & sp & "50 元票 " & fifty & " 张" & vbCrLf
    st = st & "20 元票  " & Twenty & " 张" & sp & " 10 元票 " & ten & " 张" & vbCrLf
    st = st & "5 元票    " & five & " 张" & sp & " 2 元票  " & two & " 张" & vbCrLf
    st = st & "1 元票    " & one & " 张" & vbCrLf
    st = st & "============================" & vbCrLf
    st = st & "应找钱：" & change & "元"
    MsgBox st, , "应找钱"
End Sub
```

（3）保存工程。

（4）运行调试。

3.2.8 实验 8：改变颜色程序

1）实验目的

掌握 RGB 函数的使用。

2）实验内容

设计一程序，程序界面如图 3-2-9 所示。单击"红色"按钮时文本框中出现"红色"文字，同时文本框的背景色变成红色。单击"绿色"按钮时文本框中出现"绿色"文字，同时文本框的背景色变成绿色。单击"蓝色"按钮时文本框中出现"蓝色"文字，同时文本框的背景色变成蓝色。单击"退出"按钮退出程序。

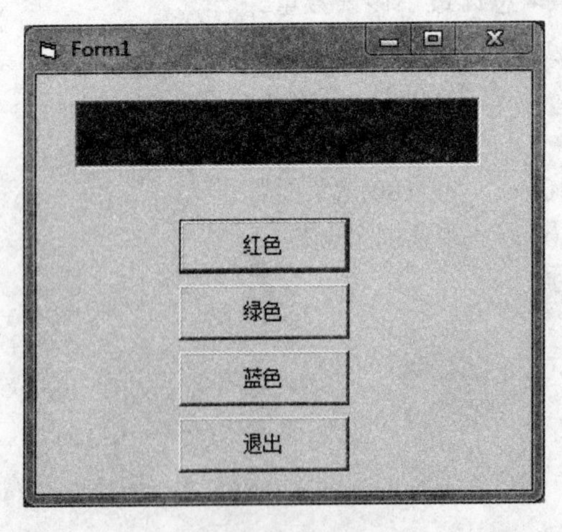

图 3-2-9 程序运行界面

3）实验步骤

（1）在 Form1 上绘制一个文本框和四个命令按钮。如图 3-2-9 所示。

（2）编写如下代码：

```
Private Sub Command1_Click( )
   Text1.Text = "红色"
   Text1.BackColor = RGB(255, 0, 0)
End Sub
Private Sub Command2_Click( )
   Text1.Text = "绿色"
   Text1.BackColor = RGB(0, 255, 0)
End Sub
Private Sub Command3_Click( )
   Text1.Text = "蓝色"
   Text1.BackColor = RGB(0, 0, 255)
End Sub
Private Sub Command4_Click( )
   End
End Sub
Private Sub Form_Load( )
   Text1.Alignment = 2
   Text1.FontSize = 24
End Sub
```

（3）保存工程。

（4）运行调试。

3.3 练习题

1）选择题

（1）一个计算机程序由三部分组成，即输入、处理和（ ）。

A．计算　　B．转移　　C．输出　　D．循环

（2）下列赋值语句不合法的是（ ）。

A．X=129*3．14　　B．y=y+1　　C．y=Val（d＋23）　　D．Val（y）=56＋x

（3）有如下程序段：

```
Private Sub Form_Click( )
Picture3.Picture=Picture1.Picture
Picture1.Picture=Picture2.Picture
Picture2.Picture=Picture3．Picture
End Sub
```

程序运行后，单击窗体，输出结果是（ ）。

A．交换 Picture3.Picture 与 Picture1.Picture　B．交换 Picture2.Picture 与 Picture1.Picture

C．交换 Picture3.Picture 与 Picture2.Picture　D．以上都正确。

（4）InputBox 函数返回值的默认类型为字符串。如果需要输入的数值参加运算时，必须在进行运算前使用（ ）函数把它转换为相应类型的数值。

A．Val　B．Str　C．Int　D．Len

（5）每执行一次 InputBox 函数只能输入（ ）个值。

A．2　B．3　C．1　D．任意多

（6）在 Print 语句中，当输出对象为数值表达式时，打印输出该表达式的值；当输出对象为字符串表达式时，打印输出该字符串的原样。如果省略"表达式表"，则输出（）。

A．当前窗体　B．所有表达式的值　C．一个空行　D．A 与 B 正确

（7）在 Print 语句中，各变量或表达式之间用逗号（"，"）分隔，按标准格式（分区格式）输出，即各数据项占（ ）位字符。

A．12　B．3　C．1　D．14

（8）在 Print 语句中，各变量或表达式之间用分号（"；"）或空格，按紧凑格式输出，当输出为数值型对象时，在该数值前留一个符号位，后留一个空格，当对象为字符串时前后（ ）。

A．各留 3 个空格　B．都不留空格　C．各留 1 个空格　D．各留多空格

（9）执行 a=23．56；Print " a= "；a 语句后，输出结果为（ ）。

A．a= 23．56　B．23．56=23．56　C．a=23．56　D．23．56

（10）执行 x=563421.3456；Print Format $（x，" 00，000，000.00 "）语句后，输出结果为（ ）。

A．563，421　B．00，563，421.35　C．563，421.346　D．00563，421

（11）使用 MsgBox 函数显示的提示信息最多不超过（ ）个字符，显示信息会自动换行，并能自动调整信息框的大小。

A．1024　B．512　C．256　D．768

（12）MsgBox 函数的作用是打开一个信息框，在对话框中显示消息，等待用户选择一个按钮，并返回一个（ ）。

A．字符　B．ASCII 码　C．整型值　D．NULL

（13）设 x=2，y=5，下列语句中能在窗体上显示"A=7"的语句是（ ）。

A．Print A=x+y　B．Print " A=x+y "　C．Print " A= " ;x+y　D．Print " A= " +x+y

（14）语句 Print Format$（1234.56，" 000，000.000 "）的输出结果是（ ）。

A．1234.56　B．1，234.56　C．1，234.560　D．001，234.560

（15）在窗体上画一个文本框（其中 Name 属性为 Text1），然后编写如下事件过程

```
Private Sub Form_Click( )
x = InputBox（ " Enter an Integer " ）
y = InputBox（ " Enter an Integer " ）
Text1.text = x+y
End Sub
```

程序运行后，在输入对话框中分别输入 5 和 6，则文本框中显示的内容是（ ）。

A．11　　B．56　　C．65　　D．出错信息

2）填空题

（1）在窗体上画一个文本框（其中 Name 属性为 Text1）和一个标签（其中 Name 属性为 Label1），然后编写如下事件过程：

```
Private Sub Form_Click( )
x$ = InputBox（" Enter a String "）
Text1.text = x$
End Sub
Private Sub Text1_Change( )
Label1.Caption = Lcase（Right（Text1.text，8））
End Sub
```

程序运行后，在对话框中输入字符串 " The Day After Tomorrow "，则在标签中显示的内容________。

（2）在立即窗口中执行如下操作：

```
x = 10
y = 5
print x＞y
```

则输出结果是______________。

（3）语句 Print " 67.9＋876.2= " ; 67.9＋876.2 的输出结果是______。

（4）当屏幕上出现一个窗口（或对话框）时，如果需要在提示窗口中选择选项（按钮）后才能继续执行程序，该窗口称为模态窗口。在程序运行时，模态窗口________应用程序中其他窗口的操作。

（5）执行如下语句：

```
Fontname= " System "
Fontname= " 宋体 "
FontName= " 魏碑 "
FontName= " 华文楷体 "
```

如果接着使用 Print 语句输出，那么应该使用________字体。

（6）在窗体上画一个名称为“Command1”且标题为“计算”的命令按钮、各个文本框（其名称分别为 Text1、Text2、Text3、Text4，其 Text 属性的初始值均为空）、1 个图片框（名称为 Picture1）用于显示结果。运行程序时要求用户输入 4 个数，分别显示在 4 个文本框中，如图 3-3-1 所示。单击“计算”按钮，则将标签的数组各元素的值相加，然后计算结果显示在图片框中，请填空：

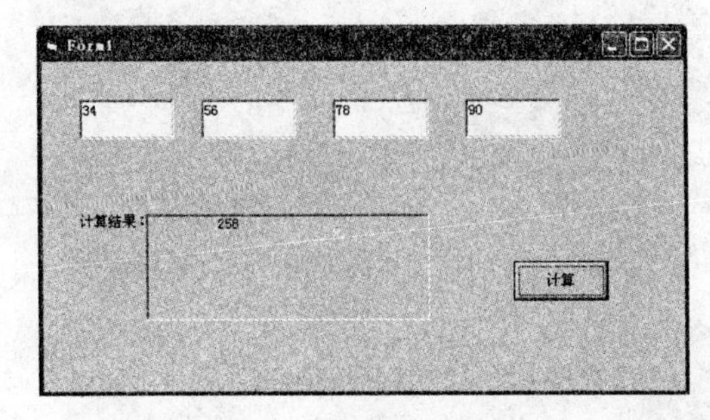

图 3-3-1 程序运行界面

```
Private Sub Command1_Click( )
Sum = 0
Sum = ____________________
____________________
Picture1.Print Tab（10）;____________
End Sub
```

（7）执行下列语句后，文档在________上输出。

Printer.Print "刘力"；SPC（8）； "24"；SPC（8）； "大学本科"； SPC（4）； "62139978"

（8）使用 PrintForm 方法，可以输出窗体上的文字、窗体上所有可见的任何控件及图形。因此，PrintForm 方法主要用于输出____________。

（9）执行了 Fontstrikethru=True； Print "学习 Visual Basic 6.0" 语句后，在文字上________________。

（10）要在运行过程中出现如图 3-3-2 所示的对话框，MsgBox 函数的“按钮”参数应选择________。

图 3-3-2 程序运行界面

第 4 章 程序的控制结构

4.1 知识要点

4.1.1 单分支结构语句的功能和用法

单分支结构条件语句

格式 1：

If ＜条件＞ Then
　语句块
End If

格式 2：

If ＜条件＞ Then ＜语句＞

功能：

如果条件为 True，则执行语句块中的程序语句；如果条件为 False，则执行 End If 后面的语句。

说明：

＜条件＞可以是关系表达式、逻辑表达式和算术表达式。算术表达式的值非零为 True，零为 False。

4.1.2 双分支结构语句的功能和用法

格式 1：

If ＜条件＞ Then
　＜语句块 1＞
Else
　＜语句块 2＞
End If

格式 2：

If ＜条件＞ Then ＜语句块 1＞ Else ＜语句块 2＞

功能:

语句执行时，当条件为 True，执行语句块 1 中的程序语句，否则执行语句块 2 中的程序语句。

If 嵌套条件语句

格式：

If ＜条件 1＞ Then

```
    ＜语句块 1＞
ElseIf ＜条件 2＞ Then
    ＜语句块 2＞
……
ElseIf ＜条件 n＞ Then
    ＜语句块 n＞
Else
    ＜语句块 n＋1＞
End If
```

功能：

判断条件，执行第一个满足条件的语句块。

说明：

① 此结构语句执行的过程是：首先判断＜条件 1＞，如果其值为 True，则执行＜语句块 1＞中的程序语句，然后结束 If 语句。如果＜条件 1＞的值为 False，则判断＜条件 2＞；如果其值为 True，执行＜语句块 2＞中的程序语句，然后结束 If 语句。如果＜条件 2＞的值为 False，则继续往下判断其他条件的值；如果所有条件判断的结果都为 False，则执行＜语句块 n+1＞中的程序语句，结束 If 语句。

② ＜语句块＞中的语句不能与其前面的 Then 放在同一行，否则 Visual Basic 认为这是一个单行结构的条件语句。这是块结构与单行结构条件语句的主要区别。

③ ElseIf 子句的数量没有限制。

④ 当多个条件为 True 时，只能执行第一个条件为 True 的语句块。

4.1.3 多分支结构语句的功能和用法

对于多种选择来说，可以通过 If 语句嵌套实现，但如果嵌套的层次多了，则容易引起混乱，因此，使用多分支控制结构将会更清晰、有效地解决此类问题。多分支控制结构语句又称情况语句。

格式：

```
Select Case 测试表达式
    Case ＜表达式列表 1＞
            语句块 1
    [Case＜表达式列表 2＞
            语句块 2]
      ……
    [Case Else
            语句块 n]
End Select
```

功能：

根据测试表达式的值，从多个语句块中选择符合条件的一个语句块执行。

说明：

① 测试表达式可以是数值表达式或字符串表达式。

② 表达式列表称为域值，可以是下列形式之一：

· 表达式。

· 表达式 To 表达式。

· Is 关系运算表达式，使用的运算符包括＜、＜=、＞、＞=、＜＞、=。

使用上述三种形式时应注意：

· 使用表达式 To 表达式，必须把较小的值放在前面，较大的值放在后面，字符串常量的范围必须按字母顺序写出。例如：

case -8 to -3
case"abc"to"efg"

· 关键字 Is 只能用关系运算符且只能是简单条件。例如，Case Is＜a+b。

· 三种形式组合在一起，表达式之间用逗号隔开。例如，Case l to 5，8，11，Is ＞ 15。

③ 表达式列表中的表达式必须同测试表达式的数据类型一致，否则表达式列表的数据类型将被强制转换为测试表达式的数据类型。例如，表达式列表中的数据类型为双精度实型，而测试表达式的数据类型为整型，由于数据类型不一致，表达式列表中的数据将被强行转换为整型。

④ Select Case 语句执行过程：先对测试表达式求值，然后测试该值与哪一个 Case 子句中的表达式列表相匹配，若存在相匹配的表达式，则执行 Case 子句有关的语句块，并转向 End Select 后面的语句；若不存在，则执行 Case Else 子句有关的语句块，并转向 End Select 后面的语句。

4.1.4 单重循环结构语句的功能和用法

Visual Basic 提供了三种不同风格的循环结构：按规定次数执行循环体的 For 循环；在给定条件满足时执行循环体的 While 循环和 Do 循环。

1）For…Next 循环语句

格式：

For 循环变量=初值 To 终值 [Step 步长]
　　［循环体］
　　[Exit For]
Next ［循环变量］［，循环变量］

功能：

按指定的次数重复执行循环体中的语句。

说明：

① 各参数说明：

· 循环变量：一个数值变量，不能是下标变量或记录变量。

· 初值、终值：分别是一个数值表达式。

· 步长：循环变量的增量，是一个数值表达式。可以是正数、负数，但不能是 0，默认值是 1。

• 循环体：For 语句和 Next 语句之间的语句序。

• Exit For：退出循环，执行 Next 的下一条语句。

• Next：循环终端语句。Next 后面的循环变量必须与 For 语句的循环变量相同。

② For 循环遵循“先检查后执行”的原则，当初值等于终值时，不管步长是正数还是负数均执行一次。

③ For 语句和 Next 语句必须成对出现，不能单独使用。For 语句必须在 Next 语句之前。

④循环次数由初值、终值和步长三个因素确定，它们之间的关系是：循环次数=Int（(终值-初值）/步长）+1。

⑤ For 循环的执行过程如下：

第 1 步，把初值赋给循环变量。

第 2 步，判断变量值是否超过循环终值，若没有超过，则执行循环体，否则退出 For 循环，执行 Next 后面的语句。

第 3 步，循环变量=循环变量十步长。

第 4 步，返回第 2 步。

2）While…Wend 循环语句

For 循环只能按指定次数执行循环体，对于循环次数有限但又不知道具体次数的操作，当循环十分有用。

格式：

While ＜条件表达式＞

　　循环体

Wend

功能：

当给定的＜条件＞为 True 时，执行循环体中的语句。当循环执行时，只要＜条件＞为 True，则“测试，执行，测试，执行……”操作周而复始循环下去，直到条件为 False 时，才结束循环，执行 Wend 后面的语句。

说明：

① 当循环先对＜条件＞进行测试，然后决定是否执行循环体。当＜条件＞为 True 时，才执行循环体，若＜条件＞从一开始就不成立，则循环体一次也不执行；若测试＜条件＞始终为 True，则陷入“死循环”。所以，在当循环中必须要给出一个循环终止条件。

② 当循环可以嵌套，嵌套的层数没有限制，每个 Wend 和最近的 While 相匹配。

3）Do…Loop 循环语句

DO 循环和当循环相同，用于控制循环次数未知的循环结构。它有以下两种格式：

格式 1：

DO

　　[语句块][Exit Do]

LOOP［While |Until 循环条件］

格式 2：

```
Do[While |Until 循环条件]
    ［语句块］
    ［Exit Do］
Loop
```

功能：

当“循环条件”为 True 或直到指定的“循环条件”为 True 之前重复执行循环体中的语句。

说明：

① 省略 While 和 Until 关键字，其格式可简化为：

```
Do
    [语句块]
Loop
```

在此情况下，程序将不停地执行语句块，陷入死循环。

② Do...While|Until...Loop 循环：先判断条件，在条件满足时执行循环体，否则不执行；而 Do...Loop While|Until 循环：不管条件是否满足，先执行一次循环体，然后再判断条件，决定是否继续执行。

③ Exit Do：当遇到该语句时退出循环，执行 Loop 后面的语句。

④ 和当循环一样，若条件始终成立，Do 循环也将陷入死循环。

⑤ Do 循环可以嵌套，规则同当循环。

4.1.5 多重循环结构语句的功能和用法

在一个循环体内又包含一个完整的循环结构，称为循环的嵌套。循环嵌套对 For 循环语句和 Do 循环语句都适用。

For 循环嵌套的一般格式包括如下两种：

格式 1：

```
For i=…
    For j=…
        For k=…
            ……
        Next k
    Next j
Next i
```

格式 2：

```
For i=…
    For j=…
        For k=…
            ……
Next k，j，i
```

注意：循环嵌套语句中，内、外层循环不能交叉。当内循环与外循环有相同的终点时，可以共用一个 Next 语句，如格式 2。

4.2 实验

4.2.1 实验 1：三个数比大小

1）实验目的

（1）掌握 IF 语句的使用。

（2）掌握三个数比大小的方法。

2）实验内容

设计一程序，使用 InputBox 输入三个整数，按照从小到大的顺序在窗体上输出。

3）实验步骤

参考代码如下：

```
Private Sub Form_Click( )
Dim a As Integer
Dim b As Integer
Dim c As Integer
Dim tmp As Integer
a = Val(InputBox("请输入第一个数"))
b = Val(InputBox("请输入第二个数"))
c = Val(InputBox("请输入第三个数"))
If a > b Then tmp = a: a = b: b = tmp
If a > c Then tmp = a: a = c: c = tmp
If b > c Then tmp = b: b = c: c = tmp
Print a; "≤"; b; "≤"; c
End Sub
```

4.2.2 实验 2：鸡兔同笼问题

1）实验目的

掌握 Select…Case 语句的使用。

2）实验内容

设计一程序，界面如图 4-2-1 所示。单击“答题”按钮，使用 InputBox 获取用户答案，程序计算正确答案并判断用户输入的答案是否正确，用 MsgBox 输出判断结果。单击“答案”按钮，用 MsgBox 显示正确答案。

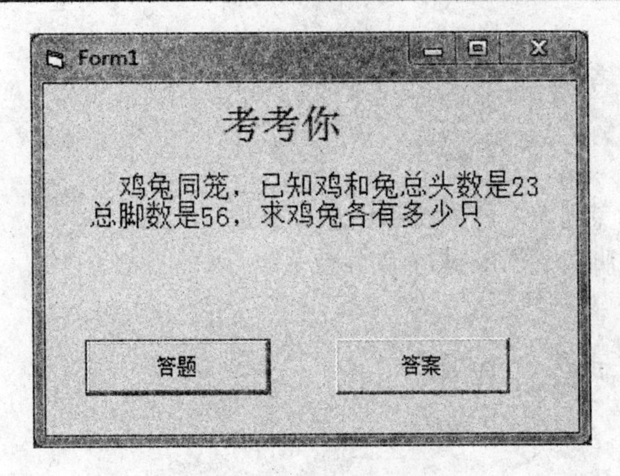

图 4-2-1 程序运行界面

3）实验步骤

参考代码如下：

```
Private Sub Command1_Click( )
   head = 23: feet = 56
   c = (4 * head - feet) / 2
   r = (feet - 2 * head) / 2
   ans_c = Val(InputBox("有多少只鸡"))
   ans_r = Val(InputBox("有多少只兔"))
   Select Case True
      Case c = ans_c And r = ans_r
         MsgBox "回答正确"
      Case c = ans_c
         MsgBox "鸡的数回答正确"
      Case r = ans_r
         MsgBox "兔的数回答正确"
      Case Else
         MsgBox "回答错误"
   End Select
End Sub

Private Sub Command2_Click( )
   MsgBox "有 18 只鸡，5 只兔子", , "你小学数学没学好"
End Sub

Private Sub Form_Load( )
   Show
   Print
```

```
    FontSize = 18
    Print Spc(9); "考考你"
    FontSize = 13
    Print
    Print Spc(5); "鸡兔同笼，已知鸡和兔总头数是 23"
    Print Spc(3); "总脚数是 56，求鸡兔各有多少只"
End Sub
```

4.2.3 实验 3：密码验证程序

1）实验目的

进一步掌握条件语句的使用。

2）实验内容

设计一程序，界面如图 4-2-2 所示。用户如果输入正确的密码，即"aobidao1"和"aobidao2"，则程序显示如图 4-2-3 所示信息，如果输入其他内容则显示如图 4-2-4 所示信息。其中如果输入的是"aobidao1"，则在界面中提示用户为"你是普通玩家"；如果输入的是"aobidao2"，则在界面中提示用户为"你是超级玩家"，如图 4-2-5 所示。

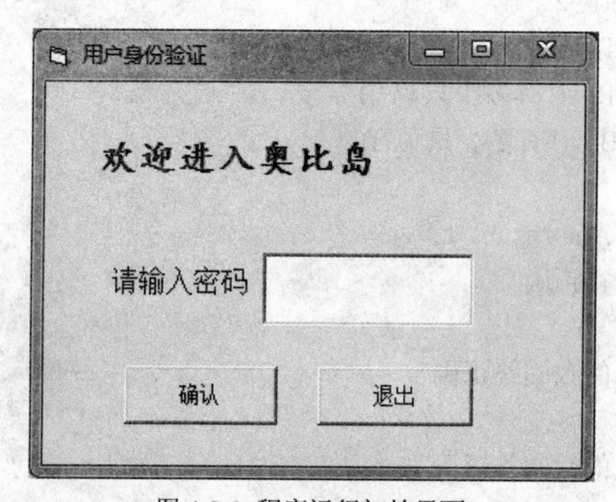

图 4-2-2 程序运行初始界面

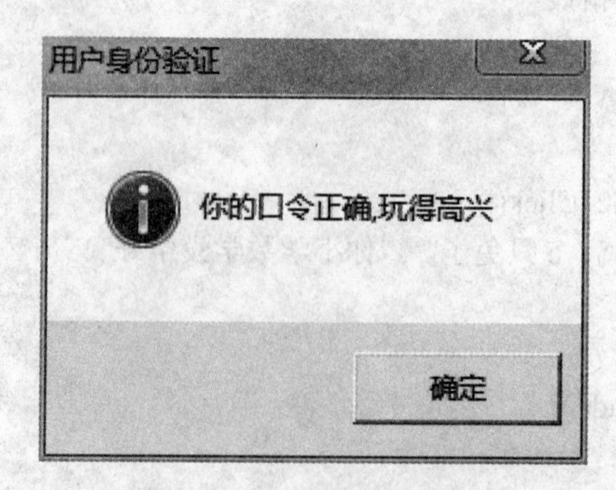

图 4-2-3 输入正确密码后界面

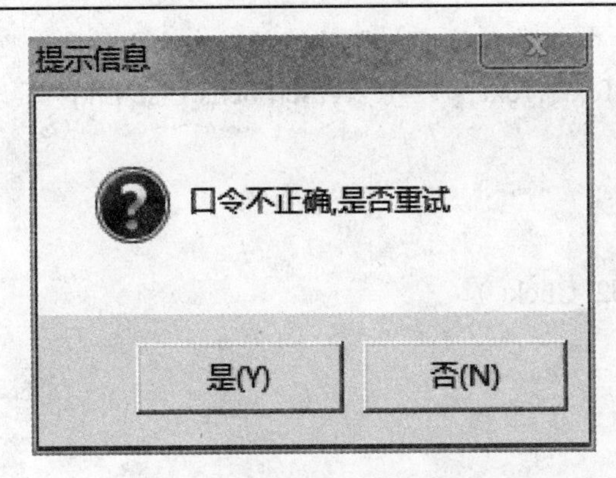

图 4-2-4　输入错误密码后界面

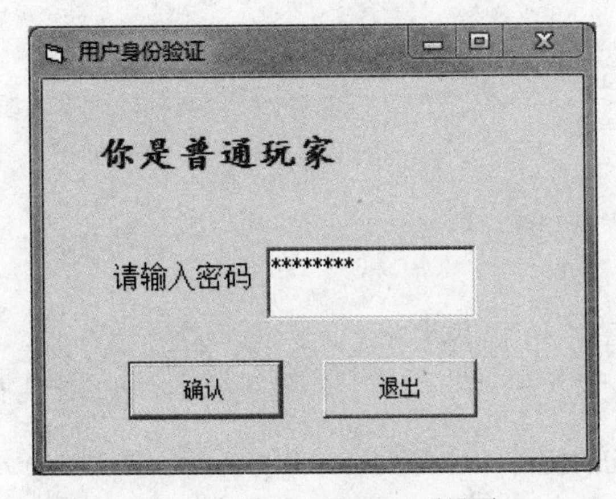

图 4-2-5　输入“aobidao1”后界面

3）实验步骤

（1）绘制两个标签、一个文本框和两个命令按钮，设置 Label2 的字体为“楷体”，字号为“三号”，如图 4-2-2 所示。

（2）参考代码：

```
Private Sub Command1_Click( )
  Dim pw As String, i As Integer
  pw = Trim(Text1.Text)
  If pw = "aobidao1" Or pw = "aobidao2" Then
   MsgBox "你的口令正确,玩得高兴", vbInformation + vbOKOnly, "用户身份验证"
  Select Case pw
    Case "aobidao1"
     Label2.Caption = "你是普通玩家"
    Case "aobidao2"
     Label2.Caption = "你是超级玩家"
   End Select
  Else
```

```
      i = MsgBox("口令不正确,是否重试", vbYesNo + vbQuestion, "提示信息")
      If i = vbYes Then Text1.Text = "": Text1.SetFocus Else End
    End If
End Sub

Private Sub Command2_Click( )
    End
End Sub

Private Sub Form_Load( )
  Form1.Caption = "用户身份验证"
    Text1.Text = ""
    Text1.PasswordChar = "*"
    Text1.MaxLength = 8
End Sub
```

（3）保存工程。

（4）运行调试。

4.2.4 实验 4：订票折扣程序

1）实验目的

进一步掌握条件语句的使用。

2）实验内容

某风景区的门票价格是每人 120 元，旅游旺季时（5 月到 10 月）不打折，旅游淡季时打八折，全年购买团体票（15 人及以上）打八折。设计一程序，界面如图 4-2-6 所示，根据订购的月份和人数计算折扣和总价。

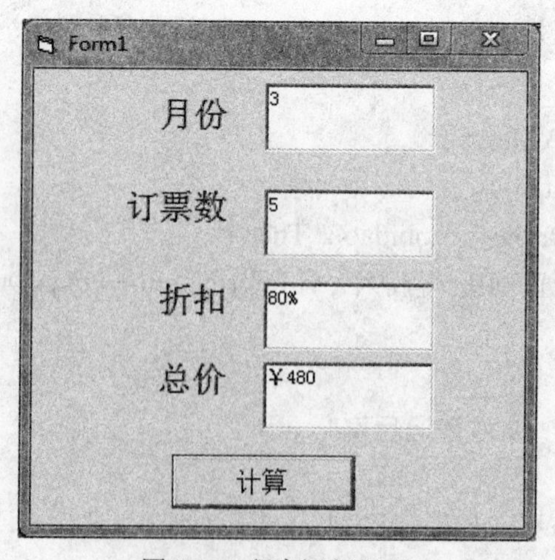

图 4-2-6 程序运行界面

3）实验步骤

（1）绘制四个标签、四个文本框和一个命令按钮（见图 4-2-6），设置所有标签的字号为“三号”。

（2）参考代码：

```
Option Explicit
Private Sub Command1_Click( )
  Dim month As Integer
  Dim number As Integer
  Dim discount As Single, total As Single
  month = Val(Text1.Text)
  number = Val(Text2.Text)
  Select Case month
    Case 5 To 10
      If number > 15 Then discount = 0.8 Else discount = 1
    Case 1 To 4, 11, 12
      If number > 15 Then discount = 0.8 * 0.8 Else discount = 0.8
  End Select
  total = 120 * number * discount
  Text3.Text = Format(discount, "##%")
  Text4.Text = Format(total, "￥#")
End Sub
```

（3）保存工程。

（4）运行调试。

4.2.5 实验 5：大小写转换程序

1）实验目的

（1）进一步掌握条件语句的使用。

（2）熟悉文本框的 KeyPress 事件。

2）实验内容

设计一程序，在窗体上绘制两个文本框和四个标签，界面如图 4-2-7 所示。在文本框中输入字符，程序判断输入的字符如果是小写字母，则把它的大写形式显示在第二个文本框中。若输入的字符是大写字母，则把它的小写形式显示在第二个文本框中，其他字符照原样输出。程序统计输入字符的总数，并显示在最下面的标签中。

3）实验步骤

（1）绘制四个标签和两个文本框（见图 4-2-7）。设置对象属性如下：

① 将用于显示输入字符个数的标签的 BorderStyle 属性设置为 1。

② 将两个文本框的 Font 属性的字号设置为“三号”，MultiLine 设置为 True，ScrollBars 设置为 2。

③ 将四个标签的Font属性的字号设置为“三号”。

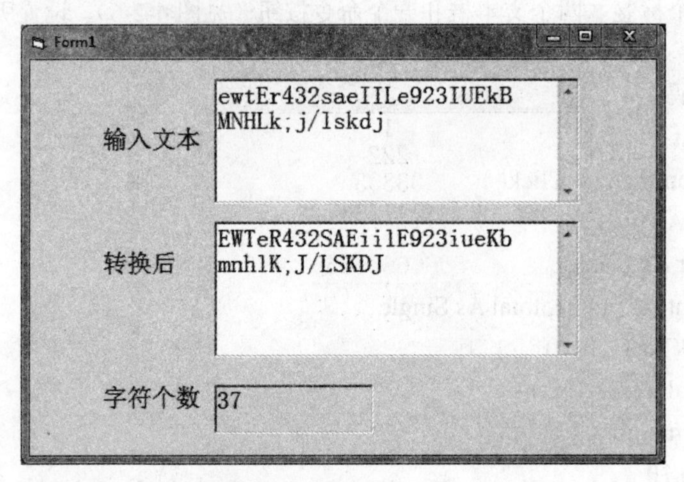

图 4-2-7 程序运行界面

（2）参考代码：

```
Dim n As Integer
Private Sub Text1_KeyPress(KeyAscii As Integer)
  Dim st As String * 1
  n = n + 1
  st = Chr(KeyAscii)
  '小写字母与大写字母的 Ascii 码相差 32
  If st >= "a" And st <= "z" Then ' 如果是小写字母
    st = Chr(KeyAscii - 32)      ' 转换成大写字母
  ElseIf st >= "A" And st <= "Z" Then
    st = Chr(KeyAscii + 32)
  End If
  Text2.Text = Text2.Text & st
  Label4.Caption = n
End Sub
```

（3）保存工程。

（4）运行调试。

4.2.6 实验 6：显示数字塔

1）实验目的

（1）掌握 For…Next 语句的语法、功能和使用方法。

（2）掌握使用循环变量控制打印行数。

（3）掌握使用循环变量控制每行打印的个数和数值。

（4）掌握循环语句嵌套的基本形式。

2）实验内容

设计一程序，运行该程序，在窗体上显示如图 4-2-8 所示图形。

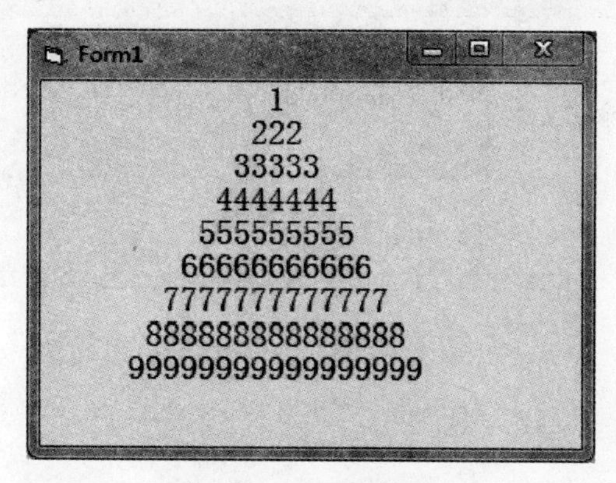

图 4-2-8 程序运行界面

3）实验步骤

参考代码如下：

```
Private Sub Form_Load( )
   Show
   Form1.FontSize = 14
   For i = 1 To 9
      Print Tab(15 - i);
      For j = 1 To 2 * i - 1
         Print Trim(Str(i));
      Next j
      Print
   Next i
End Sub
```

4.2.7 实验 7：计算钞票组合方案

1）实验目的

（1）掌握灵活使用循环变量控制程序。

（2）掌握多重循环语句嵌套的基本用法。

2）实验内容

要求使用一元、两元、五元的人民币凑成五十元钱，如果使用钞票总数为二十张，有多少种凑法。设计一程序，计算共有多少种方法，并在窗体上显示结果，如图 4-2-9 所示。

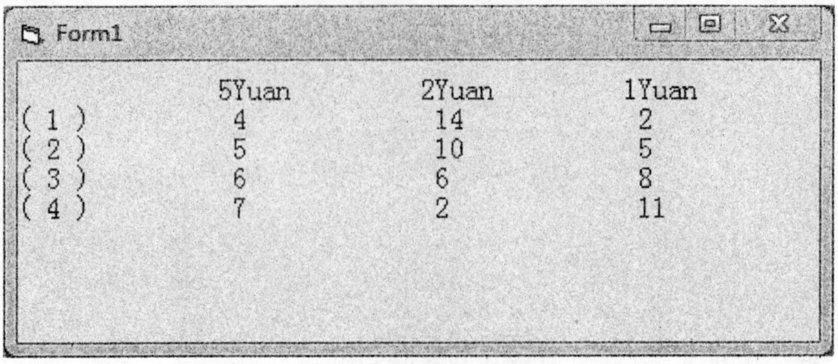

Form1

	5Yuan	2Yuan	1Yuan
(1)	4	14	2
(2)	5	10	5
(3)	6	6	8
(4)	7	2	11

图 4-2-9 程序运行界面

3）实验步骤

参考代码如下：

```
Private Sub Form_Load( )
  Dim i%, j%, k%, n%
  Show
  Form1.FontSize = 12
  CurrentX = 600: CurrentY = 100
  Print , "5Yuan", "2Yuan", "1Yuan"
  n = 0
  For i = 0 To 50
    For j = 0 To 50 Step 2
      For k = 0 To 50 Step 5
        If (i + j + k = 50) And (i / 1 + j / 2 + k / 5 = 20) Then
          n = n + 1
          Print "("; n; ")", k / 5, j / 2, i / 1
        End If
      Next k
    Next j
  Next i
End Sub
```

4.2.8 实验 8：九九乘法表

1）实验目的

（1）掌握灵活使用循环变量控制程序。

（2）掌握多重循环语句嵌套的基本用法。

2）实验内容

按照图 4-2-10 和图 4-2-11 形式输出九九乘法表。

Form1

1×1=1 1×2=2 1×3=3 1×4=4 1×5=5 1×6=6 1×7=7 1×8=8 1×9=9
2×2=4 2×3=6 2×4=8 2×5=10 2×6=12 2×7=14 2×8=16 2×9=18
3×3=9 3×4=12 3×5=15 3×6=18 3×7=21 3×8=24 3×9=27
4×4=16 4×5=20 4×6=24 4×7=28 4×8=32 4×9=36
5×5=25 5×6=30 5×7=35 5×8=40 5×9=45
6×6=36 6×7=42 6×8=48 6×9=54
7×7=49 7×8=56 7×9=63
8×8=64 8×9=72
9×9=81

格式1 格式2

图 4-2-10 输出格式 1

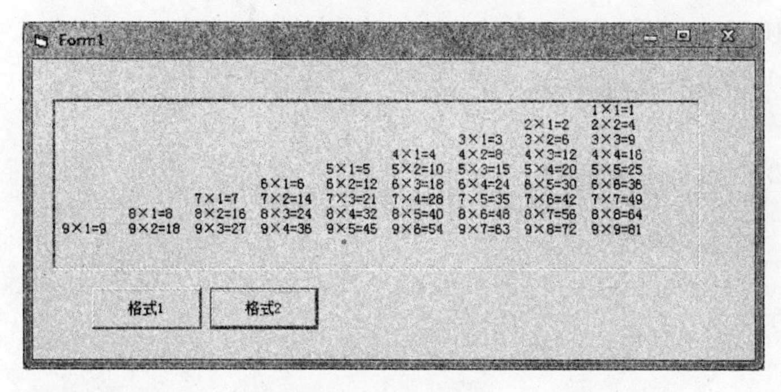

图 4-2-11 输出格式 2

3）实验步骤

（1）在窗体上绘制图片框和两个命令按钮。

（2）参考代码如下：

```
Private Sub Command1_Click( )
Picture1.Cls
Dim i%, j%, k%, st$
  For i = 1 To 9
    Picture1.Print Tab(2);
    For j = i To 9
      k = i * j
      st = i & "×" & j & "=" & k
      If k >= 10 Then
        Picture1.Print st; Space(2);
      Else
        Picture1.Print st; Space(3);
      End If
    Next j
    Print
  Next i
```

```
End Sub

Private Sub Command2_Click( ) '
Picture1.Cls
Dim i%, j%, k%, st$
  For i = 1 To 9
    Picture1.Print Tab((9 - i) * 9 + 2);
    For j = 1 To i
      k = i * j
      st = i & "×" & j & "=" & k
      If k >= 10 Then
        Picture1.Print st; Space(2);
      Else
        Picture1.Print st; Space(3);
      End If
    Next j
    Picture1.Print
  Next i
End Sub
```

（3）保存工程。

（4）运行调试。

4.2.9 实验 9：序列求和

1）实验目的

（1）掌握 Do While/Loop 语句的使用。

（2）掌握序列求和算法。

2）实验内容

输入 N 值，并求 1+2+3+…+N 的和，如图 4-2-12 所示。

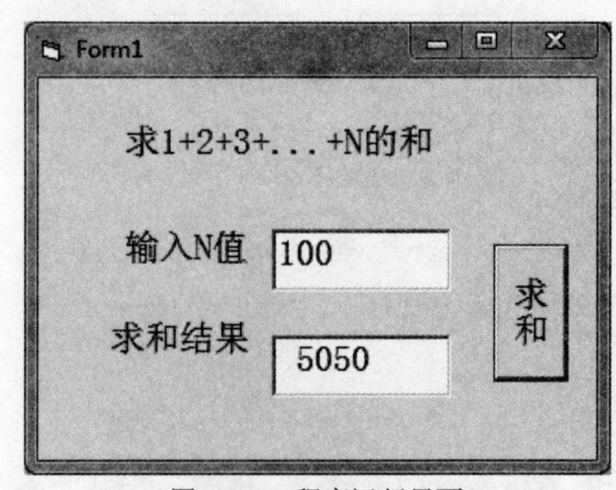

图 4-2-12 程序运行界面

3）实验步骤

（1）参考图 4-2-12 设计界面。将三个标签、两个文本框和一个命令按钮，所有对象字号设置为“四号”。

（2）添加如下代码：

```
Private Sub Command1_Click( )
  Dim i%, n%
  Dim sum As Long
  n = Val(Text1.Text)
  i = 1
  Do While i <= n
    sum = sum + i
    i = i + 1
  Loop
  Text2.Text = Str(sum)
End Sub
```

（3）保存工程。

（4）运行调试。

4.2.10 实验 10：最大公约数

1）实验目的

（1）掌握 Do While/Loop 语句的使用。

（2）掌握求最大公约数的算法。

2）实验内容

输入两个整数，设计一程序计算它们的最大公约数，并输出，如图 4-2-13 所示。

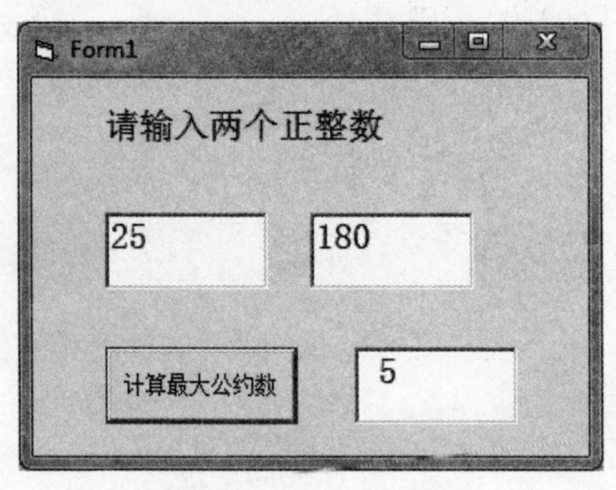

图 4-2-13 程序运行界面

3）实验步骤

（1）参考图 4-2-13 设计界面。将标签、三个文本框的字号设置为“四号”。

（2）使用“辗转相除法”求最大公约数，即：

① 以较大数 m 作为被除数，以较小的数 n 作为除数，相除后余数为 r

② 若 r≠0，则 m←n，n←r，继续相除得到新的余数 r。重复此过程直到 r=0。

③ 最后的 m 即是最大公约数。

（3）添加如下代码：

```
Private Sub Command1_Click( )
    Dim m%, n%, r%
    m = Val(Text1.Text)
    n = Val(Text2.Text)
    If n <= 0 Or m <= 0 Then
        MsgBox ("输入错误！")
        Exit Sub
    End If
    If m < n Then r = m: m = n: n = r
    Do
     r = m Mod n
     m = n
     n = r
    Loop Until r = 0
    Text3.Text = Str(m)
End Sub
```

（4）保存工程。

（5）运行调试。

4.3 练习题

1）选择题

（1）下列语句错误的是（ ）。

A. If a=3 And b=2 Then
   c=3
   End If

B. If a=1 Then
   c=2
   ElseIf a=2
   c=3
   End If

C. If a=8 Then
   c=2
   ElseIf a=2 Then

```
    c=3
    End If
```

D．If a=1 Then c=2

（2）在窗体上画一个命令按钮，然后编写如下的事件过程：

```
Private Sub Command1_Click( )
x=-5
If Sgn（x）Then
  Y=Sgn（x^2）
Else
  Y=Sgn（x）
End If
Print y
End Sub
```

程序运行后，单击命令按钮，窗体上显示的是（ ）。

A．-5　　B．25　　C．1　　D．-1

（3）下列程序运行后，如果从键盘上输入 16，则在文本框中显示的内容是（ ）。

```
Private Sub Command1_Click（ ）
    A=InputBox（"请输入日期 1～31"）
    T="旅游景点："& IIF（a>0 And a<=10，"长城"，""）_
    & IIF（a>10 And a<=20，"故宫"，""）_
    & IIF（a>20 And a<=31，"颐和园"，""）
    Text1.Text=t
End Sub
```

A．旅游景点：长城故宫　　B．旅游景点；长城颐和园

C．旅游景点：颐和园　　D．旅游景点：故宫

（4）有如下程序：

```
Private Sub Command1_Click（ ）
    X=Sqr（2）\2+Sgn（2）\2+Rnd（2）\2
    Y=Sqr（3）\3+Sgn（3）\3+Rnd（3）\3
    If X>Y Then
    Print "X>Y"
    ElseIf X=Y Then
    Print "X=Y"
    Else
    Print "X<Y"
    End If
End Sub
```

程序运行后，窗体显示的结果为（ ）。

A．X>Y　　B．X=Y　　C．X<Y　　D．以上都不对

（5）下列程序段执行的结果为（ ）。

```
A=1：B=0
Select Case A
    Case 1
    Select Case B
    Case 0
    Print " * * 0 * * "
    Case 1
    Print " * * 1 * * "
    End Select
    Case 2
    Print "  * * 2 * * "
End Select
```

A. **0**　　B. **1**　　C. **2**　　D. 运行错误

（6）有如下程序：

```
Private Sub Command1_Click( )
S=0
I=1
While I<=100
S=S+I
Wend
End Sub
```

程序运行后输出的结果是（ ）。

A．5050　　B．5051　　C．死循环，直到溢出　　D．无穷大的数

（7）在窗体中添加一个命令按钮，编写如下的程序代码，程序运行后单击命令按钮，输出的结果是（ ）。

```
Private Sub Command1_Click( )
C=1
Do Until C>0
C=C+1
Loop
Print C
End Sub
```

A．1　　B．2　　C．0　　D．无任何输出

（8）在窗体上添加两个文本框和一个命令按钮，然后编写下列程序代码，程序运行后文本框中输出的值分别为（ ）。

```
Private Sub Command1_Click( )
X=0
```

```
Do While x<50
X=（X+2）*（X+3）
n=n+l
Loop
Text1.Text=Str（n）
Text2.Text=Str（x）
End Sub
```

A．1和0　　B．2和72　　C．3和50　　D．4和168

（9）在窗体上添加一个命令按钮，然后编写下列事件过程：

```
Private Sub Command1_Click( )
Dim a As Integer， s As Integer
a=8
s=1
Do
s=s+a
a=a-l
Loop While a<=0
Print s;a
End Sub
```

程序运行后，窗体显示的结果为( )。

A．7 9　　B．9 7　　C．3 40　　D．死循环

（10）在窗体上添加一个命令按钮，然后编写下列程序代码，程序运行后单击命令按钮，依次在输入框内输入5，4，3，2，1，-1，输出的结果为( )。

```
Private Sub Command1_Click( )
X=0
Do Until X=-1
a= InputBox（"请输入a的值："）
a= Val（a）
b=InputBox（"请输入b的值："）
b=Val（b）
x=InputBox（"请输入x的值："）
x=Val（x）
a=a+ b+x
Loop
Print a
End Sub
```

A．2　　B．3　　C．14　　D．15

（11）设有如下程序，程序运行后，单击命令按钮，如果在对话框中输入1，2，3，4，5，6，7，8，9，

0，则输出的结果是( )。

```
Private Sub Command1_Click( )
Dim c As Integer，d As Integer
c=4
d=InputBox（"请输入一个整数："）
Do While d＞0
If d ＞ c Then
c=c+1
End If
d=InputBox（"请输入一个整数；"）
Loop
Print c+d
End Sub
```

A．12　　B．11　　C．10　　D．9

（12）在窗体上添加一个标签和命令按钮，然后编写下列事件过程，程序运行后单击命令按钮，输出的结果是（ ）。

```
Private Sub Command1_Click( )
Dim sum As Integer
Label1.Caption=" "
For I=1 To 5
Sum=sum *I
Next I
Label1.Caption=sum
End Sub
```

A．在标签中输出 120　　B．在标签中输出不定值　　C．在标签中输出 0　　D．出错

（13）设有如下程序：

```
Private Sub Command1_Click( )
Dim sum As Double，x As Double
C=4
Sum=0：n=0
For I=1 To 5
x=n/I
n=n+ 1
sum=sum+ x
Next
Print " sum= "；sum
End Sub
```

该程序通过 For 循环计算一个表达式的值，这个表达式是（ ）。

A. l+l/2+2/3+3/4+4/5　　B. 1+l/2+2/3+3/4　　C. 1/2+2/3+3/4+4/5　　D. l+l/2+1/3+1/4+1/5

（14）下列程序执行的结果是（ ）。

```
Private Sub Command1_Click( )
For x=5 To l Step -1
For y=1 To 6 –x
Print Tab（y+5）； " * "
Next y
Print
Next x
End Sub
```

A.
```
* * * * *
* * * *
* * *
* *
*
```

B.
```
* * * * *
 * * * *
  * * *
   * *
    *
```

C.
```
        *
      * *
    * * *
  * * * *
* * * * *
```

D.
```
*
* *
* * *
* * * *
* * * * *
```

（15）阅读下列程序，执行三重循环后 a 的值为（ ）。

```
Private Sub Command1_Click( )
For i=1 To 3
For j=1 To i
For k=j To 3
a=a+1
Next k
Next j
Next i
Print a
End Sub
```

A. 9　　B. 14　　C. 21　　D. 30

（16）在窗体上添加一个命令按钮，输入下列程序代码：

```
Private Sub Commmand1_Click( )
Dim N As Integer，mystrrng As String
N=l
If N=1 Then GoTo line1 Else GoTo line2
Line1：
Mystring= " N equals l "
Line2：
Mystring= " N equals 2 "
Lastline：
MsgBox mystring
```

End Sub

对上述程序描述正确的是( )。

A．程序出错

B．程序运行后，单击命令按钮，弹出消息对话框显示：1

C．程序运行后，单击命令按钮，弹出消息对话框显示：N equals 1

D．程序运行后，单击命令按钮，弹出消息对话框显示：N equals 2

（17）阅读下面的程序段：

```
For i=1 To 3
For j=1 To 3
For k=1 To 3
a=a+1
Next k
Next j
Next i
```

执行上面的三重循环后，a 的值为（ ）。

A．9　　B．12　　C．27　　D．21

（18）在窗体上画一个文本框（其 Name 属性为 Text1），有程序如下：

```
Private Sub Form_Click( )
Data = InputBox（"请输入一个成绩"，"成绩分等"）
Select Case Int（Data / 10）
Case 10
Text1.Text = "满分"
Case 9
Text1.Text = "优秀"
Case 8
Text1.Text = "良好"
Case 7
Text1.Text = "一般"
Case 6
Text1.Text = "合格"
Case Else
Text1.Text = "不合格"
End Select
End Sub
```

程序运行后，单击窗体，在弹出的输入对话框中输入 95，确定后，则 Text1 显示的信息为（ ）。

A．优秀　　B．良好　　C．合格　　D．程序出错

（19）a=5，b=10，执行语句 x=IIF（a<b，a，b）后，x 的值为（ ）。

A．5　　B．10　　C．a　　D．b

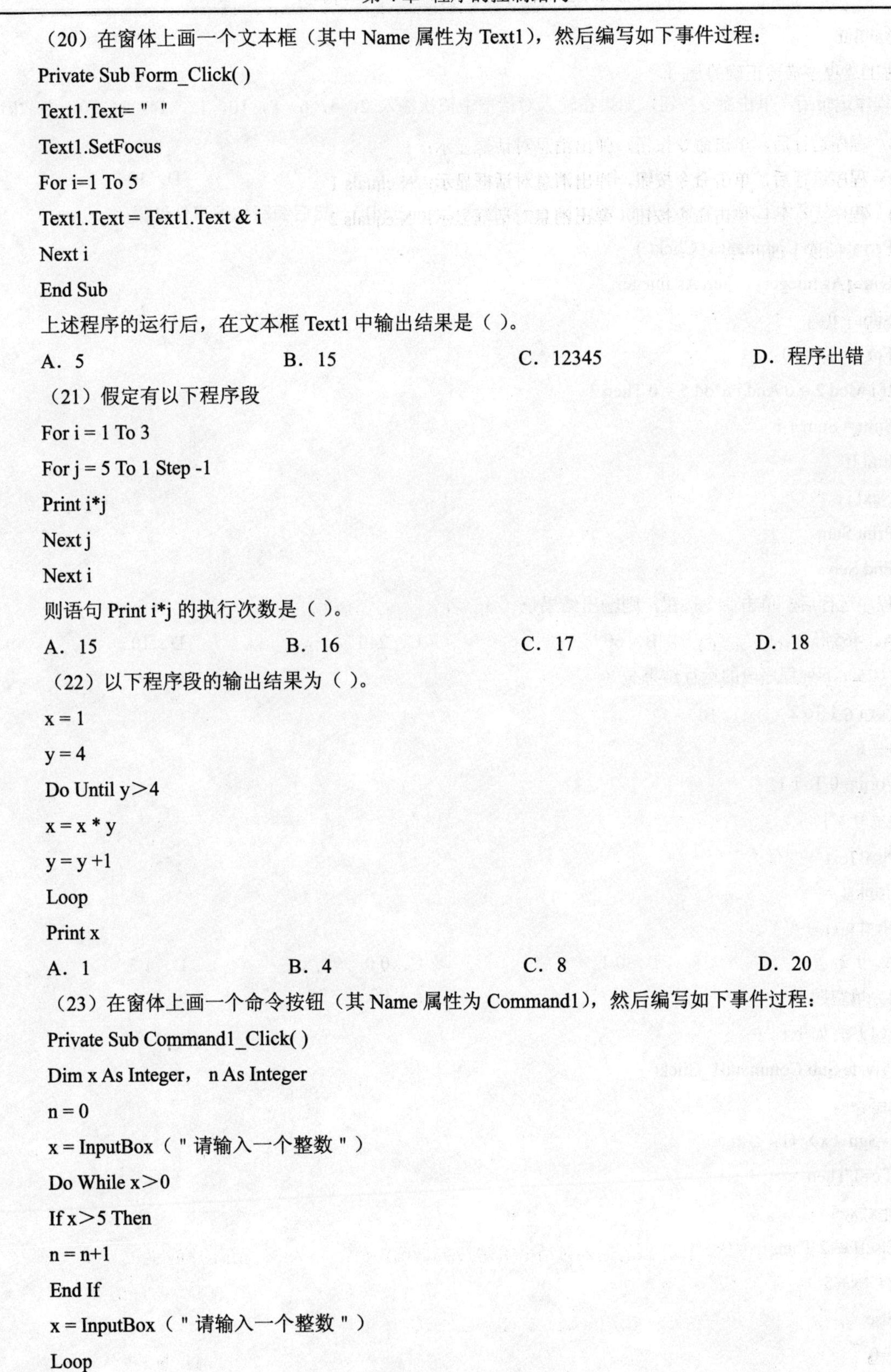

（20）在窗体上画一个文本框（其中 Name 属性为 Text1），然后编写如下事件过程：

```
Private Sub Form_Click( )
Text1.Text= " "
Text1.SetFocus
For i=1 To 5
Text1.Text = Text1.Text & i
Next i
End Sub
```

上述程序的运行后，在文本框 Text1 中输出结果是（ ）。

A．5　　B．15　　C．12345　　D．程序出错

（21）假定有以下程序段

```
For i = 1 To 3
For j = 5 To 1 Step -1
Print i*j
Next j
Next i
```

则语句 Print i*j 的执行次数是（ ）。

A．15　　B．16　　C．17　　D．18

（22）以下程序段的输出结果为（ ）。

```
x = 1
y = 4
Do Until y>4
x = x * y
y = y +1
Loop
Print x
```

A．1　　B．4　　C．8　　D．20

（23）在窗体上画一个命令按钮（其 Name 属性为 Command1），然后编写如下事件过程：

```
Private Sub Command1_Click( )
Dim x As Integer， n As Integer
n = 0
x = InputBox（"请输入一个整数"）
Do While x>0
If x>5 Then
n = n+1
End If
x = InputBox（"请输入一个整数"）
Loop
```

```
Print n
End Sub
```

程序运行后，单击命令按钮，如果在输入对话框中依次输入 2，4，6，8，10，12，14，16，0，则输出结果是（ ）。

A．2　　B．4　　C．6　　D．10

（24）在窗体上画一个命令按钮（其 Name 属性为 Command1），然后编写如下事件过程：

```
Private Sub Command1_Click( )
Dim i As Integer， Sum As Integer
Sum = 0
For i = 1 to 30
If i Mod 2 = 0 And i Mod 5 = 0 Then
Sum = Sum + i
End If
Next i
Print Sum
End Sub
```

程序运行后，单击命令按钮，则输出结果是（ ）。

A．465　　B．60　　C．240　　D．105

（25）下列程序段的运行结果是（ ）。

```
For i = 1 To 2
s = 1
For j = 0 To i-1
s = s+ s*j
Next j
Print s;
Next i
```

A．1 2　　B．0 1　　C．0 0　　D．1 3

2）填空题

（1）有如下程序：

```
Private Sub Command1_Click( )
x=5
e=Sgn（x）+l
If e=1 Then
y=x*x+1
ElseIf e=2 Then
y=5*x+ 5
Else
y=0
```

```
End If
Print y
End Sub
```

程序运行时输出的结果是__________。

（2）在窗体上添加四个文本框和三个命令按钮，程序运行后，单击 Command1 按钮，清除文本框中的内容；单击 Command2 按钮，计算 3 门课的平均成绩，并将结果存放在文本框 4 中；单击 Command3 按钮，结束程序运行，退出系统。如图 4-3-1 所示。根据上述要求，将下列程序补充完整。

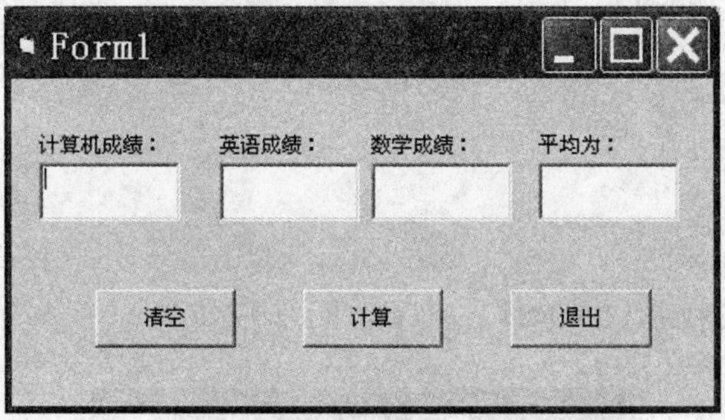

图 4-3-1 程序运行界面

```
Sub Command1_Click( )
Text1.Text = " "
Text2.Text = " "
Text3．Text = " "
End Sub
Private Sub Command2_Click( )
If Text1.Text = " " Or Text2.Text = " " Or Text3．Text = " " Then
MsgBox " 成绩输入不全！ "
Else
Text4.Text = （______________ + Val（Text2.Text）+ Val（Text3．Text））/ 3
End ________
End Sub
Private Sub Command3_Click( )
Unload________
End Sub
```

（3）设有如下程序：

```
Private Sub Form_Click( )
Dim a As Integer，s As Integer
N=8
S=0
Do
```

S=S+N

N=N-1

Loop While n＞ 0

Print S

End Sub

以上程序的功能是__________，程序运行后，单击窗体，输出的结果为____________。

（4）在窗体上添加一个命令按钮，编写如下的事件过程：

Private Sub Command1_Click( )

Dim a As String

a= " 123456789 "

For i=_________

Print space（6-i）;Mid$_____________

Next i

程序运行后，单击命令按钮，要求窗体上输出如图 4-3-2 所示的结果。

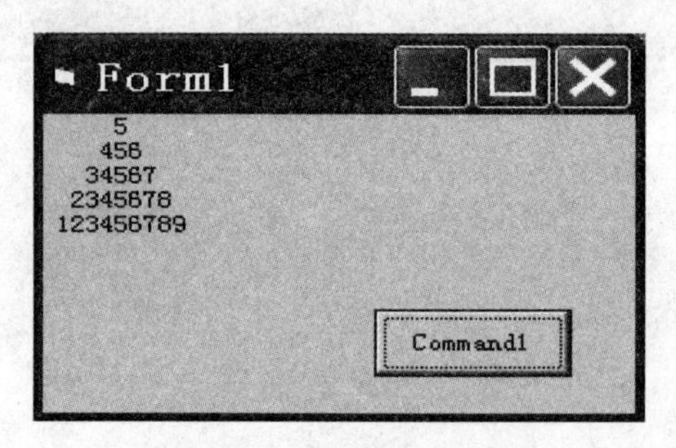

图 4-3-2 程序运行界面

（5）在窗体上画一个名称为 Command1 的命令按钮，然后编写如下的事件过程：

Private Sub Command1_Click( )

Static x As Integer

Cls

For i=1 To 2

y=y+x

x=x+2

Next

Print x，y

End Sub

程序运行后，连续三次单击 Command1 按钮后，窗体上显示的是__________。

（6）阅读下列程序：

Private Sub Form_Click( )

Dim check As Boolean，counter As Integer

Check=True：counter=0

```
Do
Do While counter < 20
Counter=counter+1
If Counter=10 Then
Check=False
Exit Do
End If
Loop
Loop Until check=False
MsgBox counter
End Sub
```

程序运行后，单击窗体，输出的结果为________。

（7）下列程序的功能是生成如图 4-3-3 所示的图形，请将程序补充完整。

```
Private Sub Command1_Click( )
Cls
Print
For n=__________
Print Tab（2*n+ 2）;
For m=n To 10-n
Print Spc（1）; "*";
Next m
Print Spc（4）;
For m=1 To _________
Print Spc（1）; "*";
Next m
Print
Next n
End Sub
```

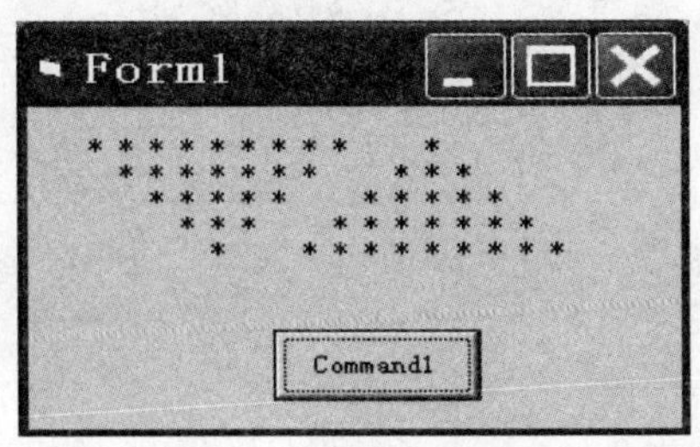

图 4-3-3 程序运行界面

（8）下列程序运行时窗体上显示的是___________。

```
Private Sub Command1_Click( )
```

```
a$= " 123456789 "
d$=Left（a，1）
For i= 2 To Len（a）
z$=Mid（a，i，1）
If z＞d Then d=z
Next i
Print d
End Sub
```

（9）在窗体上添加一个命令按钮、一个文本框和一个标签，编写下列程序，程序的功能是在文本框中输入一篇英语短文，单击命令按钮，在标签上显示统计英语短文的单词数（假定单词中不包含英文字母以外的其他符号），请在程序的空白处填上正确的内容。

```
Private Sub Command1_Click( )
X=____________
N=Len（X）
____________
For i=1 To n
Y=UCase（Mid（x，i，1））
If y ＞= " A " And y ＜= " Z " Then
If p=O Then m=m+1： p=l
Else
P=0
End If
Next i
Label1.________
End Sub
```

（10）以下程序计算 1+l/3+l/5+…+l/（2n+l），直至 1/（2n+1）小于 10-4。阅读下列程序，请在程序的空白处境上正确的内容。

```
Private Sub Command1_Click( )
Sum=1：n=1
Do
n=____________
term=1/n
Sum=Sum+term
If term ＜0.0001 Then ____________
Loop
Text1.Text=n
Text2.Text=Sum
End Sub
```

第5章 数组与过程

5.1 知识要点

5.1.1 一维数组

1）定义格式

Dim 数组名（[下界 To]上界）[As 类型]

说明：

① 数组名可以是任何合法的 Visual Basic 变量名，与变量一样，也可以通过类型说明。

② 下标上下界必须为常数，不可以为表达式或变量，当不说明下标的下界时，默认为 0，如果希望下标从 1 开始，可以通过 Option Base 语句来设置，该语句只能出现在窗体层或标准模块层，格式如下：

Option Base n（n 的值只能是 0 或 1）

③ 如果缺省了 As 类型，则与变量一样，是变体数组。

④ 数组定义后的初值：数值型数组各元素为 0，逻辑型数组各元素为 False，字符串数组各元素为空串（" "）。

⑤ 可同时声明几个数组，用逗号分隔，例如：

Dim A%（10 To 100）， B（800）As Long

⑥ 定义数组时，下标的下界和上界值只能是常数或常数表达式。

⑦ 定义时，数组的上界值不得超出长整型范围，且数组的上界值不得小于下界值。

⑧ 与变量定义一样，除了可以用 Dim 来定义数组外，还可以使用 Public、Static 来定义数组，适用的范围和作用与变量相似，例如：

Public a（9）：用在标准模块中，定义了全局数组 a

Static b（10）：用在过程中，定义了 Static 数组 b

⑨ 数组的元素个数称为数组长度。

2）一维数组操作

对一维数组赋值，访问和输出操作需要使用循环语句。

5.1.2 二维数组

1）定义格式

Dim 数组名（[下界 1 To] 上界 1，[下界 2 To] 上界 2]）[AS 类型]

说明：

① 定义二维数组 Dim Arr（3，-2 To 4）As Integer，数组 Arr 共有 4 行（0～3）、7 列（-2～4）,共 28 个元素，每个元素类型为整型。

② 有两个与数组上下界有关的函数：LBound（返回数组某一维的下标的下界）和 UBound（返回数组某一维的下标的上界），语法格式为：LBound（数组 [，维]），UBound（数组 [，维]）。例如，对于 Dim Arr（3，-2 To 4），函数 LBound（Arr，1）的返回值为 0，而函数 UBound（Arr，2）的返回值为 4。

③ Erase 语句可用来清除静态数组中的内容，如果这个数组是数值数组，则把整个数组中的所有元素设为 0；如果是字符串数组，则把所有元素设为空字符串；如果是变体数组，则每个元素被设置为空，其语法为：

Erase 数组名 [，数组名] …

2）二维数组操作

对二维数组赋值，访问和输出操作需要使用循环语句。

5.1.3 动态数组

根据内存区开辟时机的不同，可以把数组分为静态数组和动态数组。通常把需要在编译时开辟内存区的数组叫做静态数组，而把需要在运行时开辟内存区的数组叫做动态数组。

静态数组和动态数组由其定义方式决定：用数值常量或符号常量作为下标的数组是静态数组，而用变量作为下标的数组则为动态数组。

动态数组的定义

在定义数组时未给出数组的大小，即以变量作为下标值，当要使用时，再用 ReDim 语句重新定义数组的大小。步骤为：首先使用 Dim 或 Public 声明括号内为空的数组，然后在过程中用 ReDim 语句指明该数组的大小。

动态数组定义格式为

ReDim [Preserve 数组名（[下界 1 To] 上界 1[下界 2 To]上界 2）…）

说明：

① 上下界可以是常量，也可以是有了确定值的变量。

② 可以直接用 ReDim 语句定义数组，即不需要率先用 Dim 或 Public 来声明数组。

③ 在过程中可以多次使用 ReDim 来改变数组的大小，但不能用 ReDim 来改变数组的数据类型，关于数组的维数是否能修改要分情况而定，如果事先用 Dim 或 Public 声明了数组，则可以多次使用 ReDim 来改变数组的维数，否则不能多次使用 ReDim 来改变数组的维数。

④ 每次使用 ReDim 都会使原来数组中的值丢失，但若使用了 Preserve 参数，就可以保留数组中的数据。

⑤ 不需要动态数组时，可用 Erase 语句将其删除，Erase 语句用于动态数组后，该动态数组将不复存在，若要引用该动态数组，必须用 ReDim 语句重新定义。

5.1.4 选择法排序

与数组有关的常用算法对于一维数组有查找、排序等，对于二维数组主要是矩阵运算。在排序算法中选择法排序是最直接并容易理解的算法，算法的核心语句如下：

```
For I = 1 To N - 1
    For J = I + 1 To N
```

```
        If D（I）＞D（J）Then
            T = D（I）: D（I）= D（J）: D（J）= T
        End If
    Next J
Next I
```

5.1.5 控件数组

控件数组由一组相同类型的控件组成。它们共同拥有一个控件名（即每个控件元素的 Name 属性相同），具有相同的属性，每个控件元素有系统分配的唯一的索引号，可通过属性窗口的 Index 属性知道该控件的下标。控件数组适用于若干个控件执行的操作相似的场合，控件数组拥有同样的事件过程。

5.1.6 子过程及函数过程的定义和调用方法

在 Visual Basic 中，通用过程分为两类，即子过程（Sub 过程）和函数过程（Function 过程）。Sub 过程和 Function 过程的相同之处在于都是完成某种特定功能的一段程序代码，不同之处在于 Function 过程有返回值。

1）Sub 过程定义

```
[Private|Public][Static]Sub 过程名（参数表）
  语句
End Sub
```

说明：

① Private 表示模块级子过程，Public 表示全局级子过程（缺省值）。

② Static 表明过程中的所有变量都是“Static”型，即在每次调用过程结束后，局部变量的值依然保留。

③ 过程名的命名规则与变量名的命名规则相同，不能与同一级别的变量重名。

④ 参数列表，也称为形参，指明在调用该过程时要传送给该过程的变量或数组，各参数之间用逗号隔开，具体语法格式为：

[ByVal 变量名[( )][As 类型][，ByVal 变量名[( )][As 类型]……]

ByVal 表明该参数是传值的，若省略，则是传址引用的。当参数是数组时，应省略数组的大小、维数，仅保留括号。

⑤ 过程不能嵌套定义，但可以嵌套调用。

⑥ 参数表可以是空表，也可以放置若干个变量（形式参数）。如：

Public Sub Sum（X As Integer， Y As Integer，Z As Integer）

2）Sub 过程的调用方法

Call 过程名（参数表）或

过程名 参数表

说明：

① “参数表”称为实参，它必须与形参在个数、类型、位置上一一对应。

② 调用 Sub 过程，是一个独立的语句，不能写在表达式中。

③ 在工程的任何地方都能调用其他模块中说明为 Public 的公用过程，称为外部调用。调用其他窗体的外部过程要同时指出窗体名和过程名，并给出实参。格式为：

Call 窗体名.过程名（实参表）或

窗体名.过程名实参表

3）Function 过程的定义

[Private|Public][Static]Function 函数过程名（参数表）[As 类型]

　　语句

End Function

说明：

① Private、Public、Static 及参数的含义同 Sub 子过程。

② Function 过程若省略“As 类型”，则返回的值的类型为变体类型；若省略“函数过程名=表达式”，则该过程返回一个默认值，即数值函数过程返回 0，字符函数过程返回空字符串。

4）Function 过程的调用方法

Function 过程的调用可以像使用 Visual Basic 内部函数一样来调用，被调用的函数作为表达式或表达式的一部分，配以其他语法成分构成语句。通常有三种调用方法：

① 用 Call 语句。

② 将 Function 返回值赋给一个变量，如：变量名=Function 过程名[（参数列表）]。

③ 将 Function 过程的返回值用在表达式中。

其中，有关参数列表的说明与 Sub 过程相似。

5.1.7 形参与实参的对应关系以及"值传递"和"地址传递"的传递方式

在调用 Sub 过程和 Function 过程时，参数的传递有两种方式：按值传递、按地址传递，定义过程时，缺省的参数传递方式是按地址传递。

1）按值传递

主调过程的实参与被调过程的形参各有自己的存储单元，调用时主调过程的实参值复制给被调过程的形参，定义被调过程时，各形参前加 ByVal。按值传递的参数结合过程：将实参的值复制给形参。在被调用过程中对形参的任何改变都不会影响实参，因此是“单向传递”。

2）按地址传递

主调过程的实参与被调过程的形参共享同一存储单元，形式参数与实际参数是同一个变量，定义被调过程时，各形参前加 ByRef。按地址传递的参数结合过程：将实参的地址传递给形参，即形参和实参共用一段内存单元。如果在被调用过程中形参发生了变化，则会影响到实参，即实参的值会随形参的改变而改变，就像是形参把值“回传”给了实参，因此是“双向传递”。

不同数据类型的参数有着不同的传递方式：当参数是字符串时，为了提高效率，最好采用传地址的方式；另外，数组、用户自定义类型和对象都必须采用传地址的方式；其他数据类型的数据可以采用两种方式传送，但为了提高程序的可靠性和便于调试，一般都采用传值的方式，除非希望从被调用过程改变实参的值。

注意：如果是采用传地址的方式，实参不能是表达式、常数。

5.1.8 过程、变量的作用域

变量的作用域指的是变量的有效范围，即变量的“可见性”。定义了一个变量后，为了能正确地使用变量的值，应当指明可以在程序的什么地方访问该变量。

1）局部变量与全局变量

Visual Basic 应用程序由三种模块组成，即窗体模块（Form）、标准模块（Module）和类模块（Class）。

根据变量的定义位置和所使用的变量定义语句的不同，Visual Basic 中的变量可以分为三类，即局部（Local）变量、模块（Module）变量及全局（Public）变量。其中，模块变量包括窗体模块变量和标准模块变量。

（1）局部变量（过程变量）。在过程（事件过程或通用过程）内定义的变量叫做局部变量，其作用域是它所在的过程。局部变量通常用来存放中间结果或用作临时变量。某一过程的执行只对该过程内的变量产生作用，而对其他过程中相同名字的局部变量没有任何影响。局部变量通过 Dim 或 Private 关键字来定义。

（2）模块级变量。在某一模块（窗体变量和标准模块变量）内，使用 Private 语句或 Dim 语句声明的变量都是模块级的变量。模块变量可用于该模块内的所有过程。当同一模块内的不同过程使用相同的变量，且必须使用相同的变量时，必须定义模块变量。与局部变量不同，在使用模块变量前，必须先声明，也就是说，模块变量不能默认声明。

（3）全局变量。全局变量也称全局级变量，其作用域最大，可以在工程的所有模块的所有过程中调用，定义时要在变量名前冠以 Public。全局变量一般在标准模块的声明部分定义，也可以在窗体模块的通用声明段定义。表 5-1-1 列出了变量的作用域。

表 5-1-1 变量的作用域

	局部变量	窗体/模块级变量	全局级	
定义位置	标准模块	窗体	窗体	标准模块
声明方式	Dim、Static	Dim、Private	Public	
声明位置	在过程中	窗体/模块的“通用声明”段	窗体/模块的“通用声明”段	
能否被本模块的其他过程存取	不能	能	能	
能否被其他模块的过程存取	不能	不能	能，但要在变量名前加窗体	能

对过程而言，也有模块级过程和全局级过程之分。

1）模块级过程

在一个窗体模块中以 Private 定义的过程为模块级过程，可为模块内的各个过程引用。

2）全局级过程

在一个窗体模块中以 Public 定义的过程为全局级过程，其他窗体可通过“窗体模块名.过程名”引用；在标准模块中定义的全局过程可直接通过过程名引用。

表 5-1-2 列出了过程的作用域。

表 5-1-2 过程的作用域

	窗体/模块级		全局级	
定义位置	窗体	标准模块	窗体	标准模块
定义方式	过程名前加 Private 关键字		过程名前加 Public 关键字或省略	
能否被本模块中其他过程调用	能	能	能	能
能否被本工程中其他模块调用	不能	不能	能，但必须以窗体名.过程名的形式调用，如 Call Form1.Swap(a,b)或 Form1.Swap a,b	能，但过程名必须唯一，否则要以模块名.过程名的形式调用，如 Call Module1.Sort (a) 或 Module1.Sort a

5.1.9 静态变量的概念及变量的生存期

1）动态变量

（1）在过程中使用 Dim 语句定义的局部变量称为动态变量。

（2）只有当过程被调用时，系统才为动态变量分配存储空间，动态变量才能够在本过程中使用。

（3）当过程调用结束后，动态变量的存储空间被系统重新收回，动态变量又无法使用了，下次调用过程时，重新分配存储空间。

（4）动态变量的生存期就是过程的调用期。

2）静态变量

（1）窗体/模块级变量和全局变量的生存期就是程序的运行期。

（2）在过程中使用 Static 语句定义的局部变量称为静态变量。

（3）静态变量在过程初次被调用时，由系统分配存储空间。

（4）当过程调用结束后，系统并不收回其存储空间。在下一次调用该过程时，静态变量仍然保留着上次调用结束时的值。

（5）静态变量仍然是局部变量，它只能被本过程使用。

5.2 实验

5.2.1 实验 1：元素位移

1）实验目的

掌握一维数组的声明、赋值和引用方法。

2）实验内容

在一维数组中利用元素位移的方法显示如图 5-2-1 所示的结果。

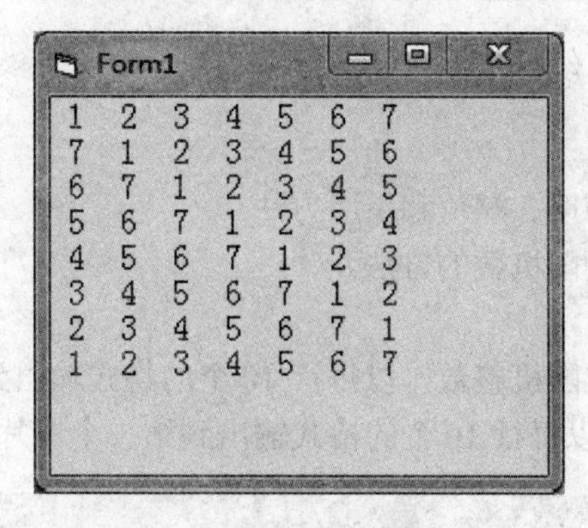

图 5-2-1 程序运行界面

3）实验步骤

（1）添加如下代码：

```
Private Sub Form_Click( )
  Dim a (1 To 7) As Integer, i%, j%
  For i = 1 To 7
    a(i) = i
    Print a(i);
  Next i
  Print
  For i = 1 To 7
    t = a(7)
    For j = 6 To 1 Step -1
      a(j + 1) = a(j)
    Next j
    a(1) = t
    For j = 1 To 7
      Print a(j);
    Next j
    Print
  Next i
End Sub

Private Sub Form_Load( )
  Form1.FontSize = 12
End Sub
```

（2）保存工程。

（3）运行调试。

5.2.2 实验 2：颠倒数组元素

1）实验目的

（1）掌握一维数组的声明、赋值和引用方法。

（2）掌握生成不重复的随机数的方法。

2）实验内容

产生 20 个不重复的两位随机整数，以每行 10 个的格式输出到第一个图片框中。将这 20 个数颠倒，将颠倒后的结果以每行 10 个的格式输出到第二个图片框中（见图 5-2-2）。

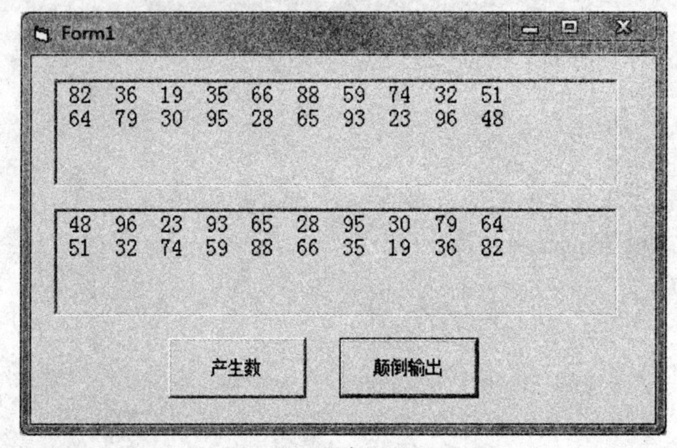

图 5-2-2 程序运行界面

3）实验步骤

（1）如图 5-2-2 所示设计程序界面，绘制两个图片框，两个命令按钮。

（2）添加如下代码：

```
Dim Data(20) As Integer
Private Sub Command1_Click( )
  Dim i%, j%
  Randomize Timer
  For i = 1 To 20
    Data(i) = Int(Rnd( ) * 90 + 10)
    For j = 1 To i - 1 '与已经产生的数据比较
      If Data(i) = Data(j) Then  '数据已存在则舍弃，重新产生
        i = i - 1
        Exit For   '提前退出数据比较的循环
      End If
    Next j
  Next i
  For i = 1 To 20
    Picture1.Print Data(i);
```

```
    If i Mod 10 = 0 Then Picture1.Print
  Next i
End Sub

Private Sub Command2_Click( )
  Dim i%, temp%
  For i = 1 To 20 / 2     '交换
    temp = Data(i)
    Data(i) = Data(20 - i + 1)
    Data(20 - i + 1) = temp
  Next i
  For i = 1 To 20
    Picture2.Print Data(i);
    If i Mod 10 = 0 Then Picture2.Print
  Next i

End Sub

Private Sub Form_Load( )
  Picture1.FontSize = 12
  Picture2.FontSize = 12
End Sub
```

（3）保存工程。

（4）运行调试。

5.2.3 实验3：数组相关算法

1）实验目的

（1）掌握排序算法、查找算法。

（2）掌握求数组的最大值、最小值、平均值的方法。

（3）掌握在数组中插入指定元素的方法。

2）实验内容

随机产生10个任意的两位正整数存放在一维数组中，求数组的最大值、平均值、能实现将数据按升序排列，并且使用InputBox函数插入一个新数据，使数组仍然升序排列，结果显示在图片框中，程序运行情况如图5-2-3所示。

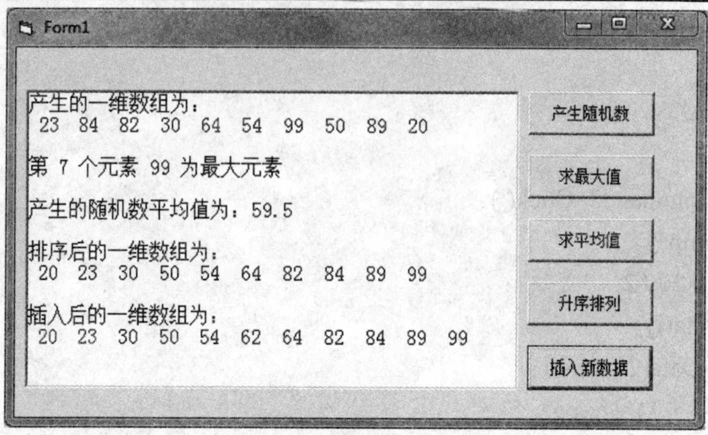

图 5-2-3 程序运行界面

3）实验步骤

（1）参考图 5-2-3 设计程序界面，绘制一个图片框，五个命令按钮，将图片框的 BackColor 属性设置为&H00FFFFFF&。

（2）添加如下代码：

```
Option Explicit
Dim a(11) As Integer    ' 定义数组

Private Sub cmdCreate_Click( ) '产生的一维数组
  Dim i As Integer
  Picture1.Cls
  Picture1.Print "产生的一维数组为："
  Randomize
  For i = 1 To 10
    a(i) = Int(Rnd * 90 + 10)
    Picture1.Print a(i);
  Next i
  Picture1.Print
End Sub

Private Sub cmdMax_Click( ) '求最大元数及所在的位置
  Dim max As Integer, p As Integer, i As Integer
  max = a(1)              ' 假设第一元素就是最大元素
  p = 1
  For i = 2 To 10
    If a(i) > max Then
      max = a(i)
      p = i
```

```
      End If
    Next i
    Picture1.Print
    Picture1.Print "第 " & p; " 个元素 " & a(p) & " 为最大元素"
End Sub

Private Sub cmdAve_Click( )     '计算平均值
    Dim ave As Single, i As Integer
    For i = 1 To 10
      ave = ave + a(i)
    Next i
    ave = ave / 10
    Picture1.Print
    Picture1.Print "产生的随机数平均值为：" & ave
End Sub

Private Sub cmdSort_Click( ) '使用选择法排序
    Dim i%, j%, p%, t%
    For i = 1 To 9
      p = i
      For j = i + 1 To 10
        If a(p) > a(j) Then p = j
      Next j
      t = a(i): a(i) = a(p): a(p) = t
    Next i
    Picture1.Print
    Picture1.Print "排序后的一维数组为："
    For i = 1 To 10
      Picture1.Print a(i);
    Next i
    Picture1.Print
End Sub

Private Sub cmdInsert_Click( ) '数据插入
    Dim x%, p%, i%
    x = Val(InputBox("输入要插入的数据："))
    p = 1
    Do While x > a(p) And p <= 10
```

```
        p = p + 1
    Loop
    For i = 10 To p Step -1
        a(i + 1) = a(i)
    Next i
    a(p) = x
    Picture1.Print
    Picture1.Print "插入后的一维数组为："
    For i = 1 To 11
        Picture1.Print a(i);
    Next i
End Sub

Private Sub Form_Load( )
    Picture1.FontSize = 12
End Sub
```

（3）保存工程。

（4）运行调试。

5.2.4 实验 4：矩阵对角线求和

1）实验目的

（1）掌握二维数组的声明、赋值和引用方法。

（2）掌握使用二维数组解决基本矩阵问题。

2）实验内容

单击“生成数组”按钮，随机生成一个 7 行 7 列的矩阵，在图片框中显示该矩阵，计算主对角线和次对角线的和，并显示计算结果。程序运行界面如图 5-2-4 所示。

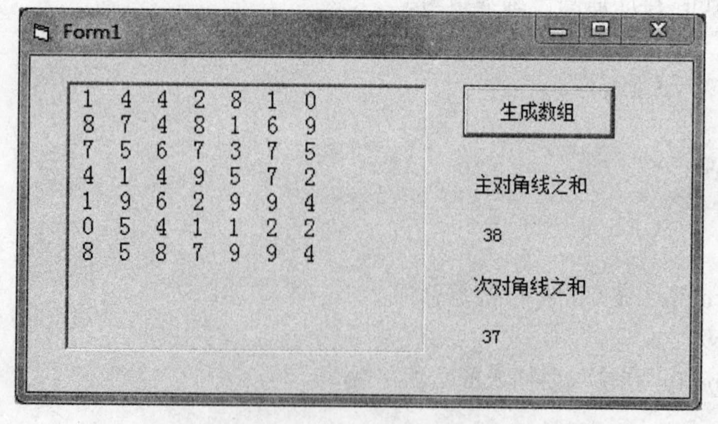

图 5-2-4 程序运行界面

3）实验步骤

（1）参考图 5-2-4 设计程序界面，绘制一个图片框，一个命令按钮，四个标签。

（2）添加如下代码：

```
Option Explicit
Option Base 1
Private Sub Command1_Click( )
  Dim data(7, 7) As Integer
  Dim i%, j%
  Dim sum1%, sum2%
  Randomize
  For i = 1 To 7
    For j = 1 To 7
      data(i, j) = Int(Rnd( ) * 10)
      Picture1.Print data(i, j);
    Next j
    Picture1.Print
  Next i
  For i = 1 To 7
    sum1 = sum1 + data(i, i)
    sum2 = sum2 + data(i, 8 - i)
  Next i
  Label2.Caption = Str(sum1)
  Label4.Caption = Str(sum2)
End Sub

Private Sub Form_Load( )
Picture1.FontSize = 12
End Sub
```

（3）保存工程。

（4）运行调试。

5.2.5 实验 5：杨辉三角

1）实验目的

掌握动态数组的定义和使用。

2）实验内容

参照图 5-2-5 设计一程序，根据用户在文本框中输入的行数，在窗体上打印杨辉三角形（杨辉三角形为一个下三角矩阵，每一行第一个和主对角线上元素都为 1，其余每一个数正好等于它上面一行的同一列与前一列数之和）。

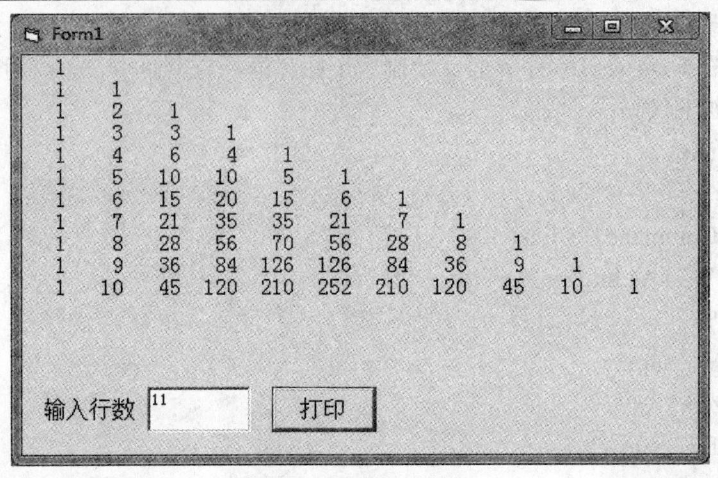

图 5-2-5 程序运行界面

3）实验步骤

（1）参考图 5-2-5 设计程序界面，绘制一个文本框，一个命令按钮，一个标签。

（2）添加如下代码：

```
Private Sub Command1_Click( )
  Dim s( ) As Integer, i%, j%, n%
  Form1.Cls
  n = Val(Text1)
  ReDim s(n, n)
  '第一列和主对角线为 1
  For i = 1 To n
    s(i, 1) = 1
    s(i, i) = 1
  Next i
  For i = 3 To n
    For j = 2 To i - 1
      s(i, j) = s(i - 1, j - 1) + s(i - 1, j)
    Next j
  Next i
  '打印杨辉三角
  For i = 1 To n
    For j = 1 To i
      ' 让每个数据占 4 列输出
      Print Spc(4 - Len(Str(s(i, j)))); s(i, j);
    Next j
    Print
  Next i
```

```
End Sub

Private Sub Form_Load( )
   Form1.FontSize = 12
End Sub
```

（3）保存工程。

（4）运行调试。

5.2.6 实验 6：简易计算器

1）实验目的

掌握控件数组的使用方法。

2）实验内容

分别建立四个具有加、减、乘、除功能按钮的控件数组，用户在两个文本框分别输入两个整数运算数，单击某个命令按钮，程序计算并显示运算结果。程序运行界面如图 5-2-6 所示。

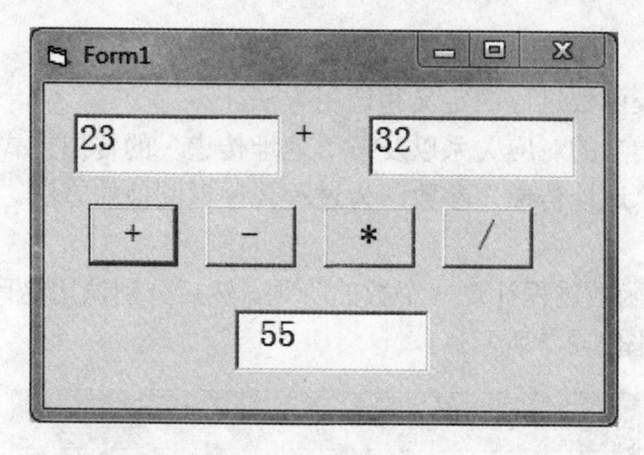

图 5-2-6 程序运行界面

3）实验步骤

（1）参考图 5-2-6 设计程序界面，绘制三个文本框，一个标签和由四个命令按钮组成的控件数组，设置各对象属性，将字号设为“四号”。

（2）添加如下代码：

```
Private Sub Command1_Click(Index As Integer)
   Dim x%, y%, r%
   x = Val(Text1.Text)
   y = Val(Text2.Text)
   Select Case Index
     Case 0
       Label1.Caption = "+"
       r = x + y
     Case 1
```

```
            Label1.Caption = "-"
            r = x - y
        Case 2
            Label1.Caption = "*"
            r = x * y
        Case 3
            Label1.Caption = "/"
            r = x / y
    End Select
    Text3.Text = Str(r)
End Sub
```

（3）保存工程。

（4）运行调试。

5.2.7 实验 7：阶乘求和

1）实验目的

（1）掌握子过程及函数过程的定义和调用方法。

（2）掌握形参与实参的对应关系以及按“地址传递”的传递方式。

（3）掌握利用按“地址传递”参数，为过程传递返回值的方法。

2）实验内容

分别编写子过程和函数过程计算一个数的阶乘，然后分别调用这两个过程计算 8!+10!+3! 的值。程序运行界面如图 5-2-7 所示。

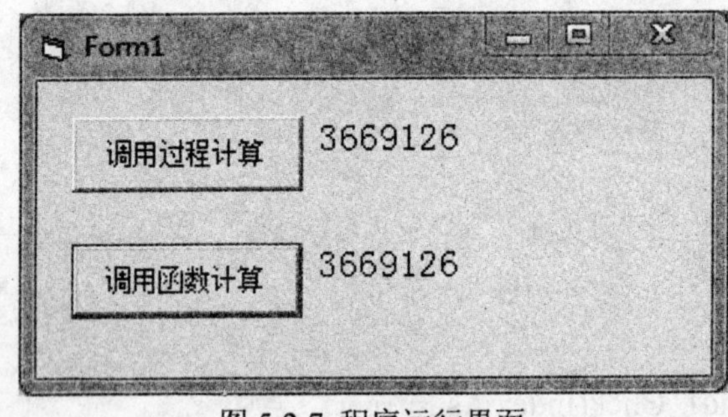

图 5-2-7 程序运行界面

3）实验步骤

（1）参考图 5-2-7 设计程序界面，绘制两个命令按钮，两个标签。

（2）编写子过程代码如下：

```
Sub fact_P(m As Integer, result As Long)
    Dim i As Integer
    result = 1
    For i = 1 To m
```

```
    result = result * i
  Next i
End Sub
```

（3）编写函数过程代码如下：

```
Function fact_F(m As Integer)
  Dim i As Integer
  fact_F = 1
  For i = 1 To m
    fact_F = fact_F * i
  Next i
End Function
```

（4）编写命令按钮 Click 事件过程代码调用 fact_P 过程。

```
Private Sub Command1_Click( )
  Dim a As Long, b As Long, c As Long
  Call fact_P(8, a)
  Call fact_P(10, b)
  Call fact_P(3, c)
  Label1.Caption = a + b + c
End Sub
```

（5）编写命令按钮 Click 事件过程代码调用 fact_F 函数。

```
Private Sub Command2_Click( )
  Label2.Caption = fact_F(8) + fact_F(10) + fact_F(3)
End Sub
```

（6）保存工程。

（7）运行调试。

5.2.8 实验 8：数组参数使用

1）实验目的

（1）掌握数组参数的使用方法。

（2）掌握全局变量的使用方法。

2）实验内容

键盘输入 10 个整数，输出其中的最大数和平均值，并将这 10 个数从小到大排序输出到窗体上。要求分别编写函数过程 Maxnum、Avenum 和子过程 Sortnum 来求最大数、平均值和排序，然后在窗体的单击事件调用这些函数。程序运行界面如图 5-2-8 所示。

3）实验步骤

（1）参考图 5-2-8 设计程序界面，绘制一个图片框，四个命令按钮。

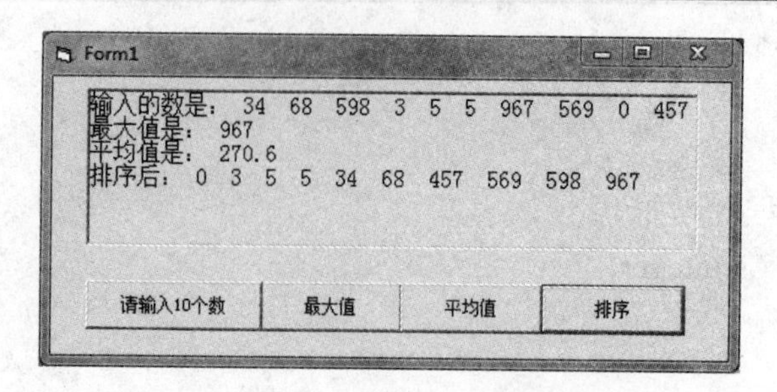

图 5-2-8 程序运行界面

（2）添加如下代码：

```
Dim s(1 To 10) As Integer
Private Function Maxnum(a( ) As Integer)
    Dim i%, max%
    For i = 1 To 10
        If max < a(i) Then max = a(i)
    Next i
    Maxnum = max
End Function
Private Function Avenum(a( ) As Integer)
    Dim i%, sum%
    For i = 1 To 10
        sum = sum + a(i)
    Next i
    Avenum = sum / 10
End Function
Private Sub Sortnum(a( ) As Integer)
    Dim i%, j%
    For i = 1 To 9
        For j = i + 1 To 10
            If a(i) > a(j) Then t = a(i): a(i) = a(j): a(j) = t
        Next j
    Next i
End Sub
Private Sub Command1_Click( )
    Picture1.Print "最大值是："; Maxnum(s( ))
End Sub
Private Sub Command2_Click( )
    Picture1.Print "平均值是："; Avenum(s( ))
End Sub
```

```
Private Sub Command3_Click( )
  Call Sortnum(s( ))
  Picture1.Print "排序后：";
  For i = 1 To 10
    Picture1.Print s(i);
  Next i
  Picture1.Print
End Sub
Private Sub Command4_Click( )
  Dim i%
  Picture1.Print "输入的数是：";
  For i = 1 To 10
    s(i) = Val(InputBox("Please input 10 numbers:"))
    Picture1.Print s(i);
  Next i
  Picture1.Print
End Sub
Private Sub Form_Load( )
  Picture1.FontSize = 12
End Sub
```

（3）保存工程。

（4）运行调试。

5.2.9 实验 9：数制转换程序

1）实验目的

掌握形参与实参的对应关系以及“值传递”的传递方式。

2）实验内容

设计一程序，用户输入十进制整数，程序将其转换成所需进制数，并显示结果。程序运行界面如图 5-2-9 所示。

图 5-2-9 程序运行界面

3）实验步骤

（1）参考图 5-2-9 设计程序界面，绘制两个文本框，三个命令按钮，一个标签，并设置各对象属性。

（2）添加如下代码：

```
Dim x As Integer
Public Function convert(ByVal a%, ByVal b%) As String
  Dim str As String, temp As Integer
  str = ""
  Do While a <> 0
    temp = a Mod b
    a = a \ b
    If temp >= 10 Then
      str = Chr(temp - 10 + 65)
    Else
      str = temp & str
    End If
  Loop
  convert = str
End Function

Private Sub Command1_Click( )
  x = Val(Text1.Text)
  Text2.Text = convert(x, 2)
End Sub

Private Sub Command2_Click( )
  x = Val(Text1.Text)
  Text2.Text = convert(x, 8)
End Sub

Private Sub Command3_Click( )
  x = Val(Text1.Text)
  Text2.Text = convert(x, 16)
End Sub
```

（3）保存工程。

（4）运行调试。

5.2.10 实验 10：统计英文字母出现次数

1）实验目的

掌握使用数组参数返回多个值的方法。

2）实验内容

编写一程序，统计文本框内各英文字母出现的次数（不区分大小写），并按英文字母的先后顺序输出各个字母与其对应的出现次数，程序界面如图 5-2-10 所示。要求将统计各个字母出现次数的运算编写为过程，该过程实现对给定的一个字符串，返回 26 个字母分别出现的次数。过程头定义如下：

Sub CharCount(str1 As String, a( ) As Integer)

其中，形参 str1 为被统计文本，数组 a 存放各个字符出现的次数。

图 5-2-10 程序运行界面

3）实验步骤

（1）参考图 5-2-10 设计程序界面，绘制两个文本框，一个命令按钮，一个标签。将所有对象的字号设置为“四号”，将两个文本框的 MultiLine 属性设置为 True，ScrollBar 属性设置为 2。

（2）添加如下代码：

```
Private Sub CharCount(str1 As String, a( ) As Integer)
  Dim ch As String * 1, n%, i%
  For i = 1 To Len(str1)
    ch = UCase(Mid(str1, i, 1))
    n = Asc(ch) - Asc("A")
    If n >= 0 And n <= 25 Then a(n) = a(n) + 1
  Next i
End Sub
```

```
Private Sub Command1_Click( )
    Dim count(0 To 25) As Integer, i As Integer
    Text2.Text = ""
    Call CharCount(Text1.Text, count)
    For i = 0 To 25
        If count(i) <> 0 Then
            Text2.Text = Text2.Text & "字母" & Chr(i + Asc("A")) & "有" & count(i) & "个" &
vbNewLine
        End If
    Next i
End Sub
```

（3）保存工程。

（4）运行调试。

5.2.11 实验 11：密码验证

1）实验目的

掌握静态变量的声明和使用方法。

2）实验内容

编写一个密码验证程序，要求每单击一次命令按钮，程序就验证一次用户输入的密码是否是“pass”，如果是，则用 MsgBox 显示“欢迎”，否则提示用户输入的密码错误，重新输入。用户只能输入三次密码，如果三次都输入错误，程序自动退出。程序运行界面如图 5-2-11 所示。

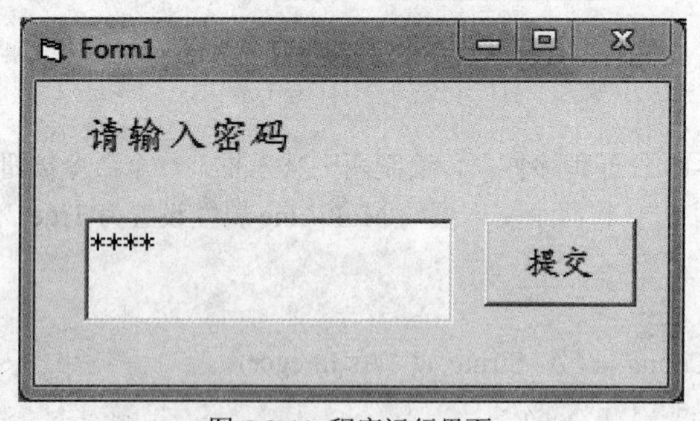

图 5-2-11 程序运行界面

3）实验步骤

（1）参考图 5-2-11 设计程序界面，绘制一个文本框，一个命令按钮，一个标签。设置文本框的 PasswordChar 属性为“*”。

（2）添加如下代码：

```
Const PWD = "pass"
```

```
Private Sub Command1_Click( )
   Static times As Integer    '定义静态变量统计验证次数
   If Text1.Text <> PWD Then
      times = times + 1         ' times 的初始值为 0
      MsgBox "Invalid Password!"
      If times = 3 Then End
   Else
      MsgBox "Welcome!"
      times = 0
   End If
   Text1.Text = ""
   Text1.SetFocus
End Sub
```

（3）保存工程。

（4）运行调试。

5.3 练习题

1）选择题

（1）Dim a（1 To 6，-2 To 4）语句定义的数组的元素个数是（ ）。

A．30　　B．42　　C．36　　D．35

（2）下面关于数组的说法，正确的是（ ）。

A．数组中的每个元素的类型必须相同

B．在定义数组时，数组元素的个数必须明确

C．在使用数组元素之前，数组元素的个数必须已经确定

D．默认情况下，数组的下标是从 1 开始的

（3）有如下程序段：

```
Option Base 1
Private Sub Form_Click（ ）
Dim a( )
ReDim a（3）
B=Array（"A"，"B"，"C"，"D"，"E"）
For i=1 to 3
a（i）=b（i）
Next i
ReDim Preserve a（6）
For i= 4 To 6
a（i）= b（i\2）
```

```
Next i
For i=1 To 6
Print a（i）
Next
End Sub
```

程序运行后，单击表单，输出结果是（ ）。

A. B B C　　B. A B C B C C　　C. B C C　　D. A B C B B C

（4）设有如下程序：

```
Option Base 1
Private Sub Form_Click( )
Dim a（4，4）As Integer
For i=1 To 4
For j=1 To i
a（i，j）=i*j
Next j
Next i
Print a（1，1）；a（1，4）；a（4，1）；a（4，4）
End Sub
```

程序运行结果为（ ）。

A. 1 0 4 16　　B. 1 4 4 16　　C. 0 4 4 16　　D. 1 4 16

（5）设有如下程序：

```
Private Sub Form_Click（ ）
Dim n( )As Integer
a=InputBox（"请输入数组下标的下限"）
b=InputBox（"请输入数组下标的上限"）
ReDim n（a To b）
For k＝ a To b
n（k）＝k＋1
Print n（k）；
Next
End Sub
```

在两个输入对话框中分别输入（ ），输出的结果为 10 11 12。

A. 10 11　　B. 11 12　　C. 9 11　　D. 10 12

（6）下列关于过程的说法正确的是（ ）。

A. 过程可以嵌套定义，也可以嵌套调用

B. 过程既不可嵌套定义，也不可以嵌套调用

C. 整数类型的参数既可以采用传地址方式，也可以采用传值的方式

D. 控件类型的参数既可以采用传地址方式，也可以采用传值的方式

（7）设有如下程序：

```
Option Base 1
Private Sub Command1_CliCk( )
Dim a（10）As Integer
Dim n As Integer
n=InputBox（"输入数据"）
If n<10 Then
Call GetArray（a，n）
End If
End Sub
Private Sub GetArray（b( )As Integer，n As Integer）
Dim c（10）As Integer
J=0
For i=1 To n
b（i）=CInt（Rnd( )*100）
If b（i）/2=b（i）\2 Then
j=j+1
c（j）=b（i）
End If
Next
Print j
End Sub
```

以下叙述中错误的是（ ）。

A．数组 b 中的偶数被保存在数组 c 中

B．程序运行结束后，在窗体上显示的是 c 数组中元素的个数

C．GetArray 过程的参数 n 是按值传送的

D．如果输入的数据大于 10，则窗体上不显示任何显示

（8）在窗体上画一个名称为 Command1 的命令按钮，并编写如下程序：

```
Private Sub Command1_Click( )
Dim x As Integer
Static y As Integer
x= 10
y= 5
Call f1（x，y）
Print x，y
End Sub
Private Sub f1（ByRef x1 As Integer，y1 As Integer）
x1= X1+2
```

```
y1=y1+2
End Sub
```

程序运行后，单击命令按钮，在窗体上显示的内容是（ ）。

A．10 5　　B．12 5　　C．10 7　　D．12 7

（9）在窗体上画一个名称为 Command1 的命令按钮，然后编写如下通用过程和命令按钮的事件过程：

```
Private Function f（m As Integer）
If m Mod 2= 0 Then
f=m
Else
f=1
End If
End Function
Private Sub Command1_Click( )
Dim I As Integer
S=0
For i=1 To 5
S=S+f（i）
Next
Print S
End Sub
```

程序运行后，单击命令按钮，在窗体上显示的是（ ）。

A．11　　B．10　　C．9　　D．8

（10）设一个工程由两个窗体组成，其名称分别为 Form1 和 Form2，在 Form1 上有一个名称为 Command1 的命令按钮。窗体 Form1 的程序代码如下：

```
Option Base 1
Private Sub Command1_Click( )
Dim a As Integer
A=10
Call g（Form1，Form2，a）
End Sub
Private Sub g（f1 As Form， f2 As Form， x As Integer）
Dim a
y=IIf（X > 10，4，5）
ReDim a（y）
For i=1 To UBound（a）
a（i）=10*i
Next i
F1.Hide
```

```
F2.Show
F2.BackColor=RGB（a（1），a（2），a（3））
If UBound（a）= 5 Then
F2.CaPtion=a（4）＋ a（5）
Else
F2.caption= " 第二个窗体 "
End If
End Sub
```

运行程序，下列结果正确的是（ ）。

A．Form1 的 Caption 值为 90　　B．Form1 的 Caption 值为 4050

C．Form2 的 Caption 值为 4050　　D．Form2 的 Caption 值为 90

（11）在控件数组中，所有控件元素都必须具有唯一的（ ）。

A．Caption 属性　　B．Index 属性　　C．Name 属性　　D．Enabled 属性

（12）定义一个如下过程：

```
Sub Sum（x As Integer，y As Integer，z As Integer）
Print x＋y＋z
End Sub
```

下列调用方式与 Call Sum（3， 4， 5）语句不等价的是（ ）。

A．3，4，5　　B．x：= 3，y：= 4，z：=5

C．Sum y：= 4，x：= 3，z：=5　　D．Sum y：= 3，x：= 4， z：= 5

（13）在窗体上画一个命令按钮（其 Name 属性为 Command1），然后编写如下事件过程：

```
Private Sub Command1_Click( )
Dim i As Integer， j As Integer
Dim A（1to5，1to5）As Integer
For i = 1 to 3
For j = 1 to 3
A（i，j）= i + j
Print A（i，j）;
Next j
Next i
End Sub
```

程序运行后，单击命令按钮，则输出结果是（ ）。

A．234345456　　B．123456789　　C．234345456　　D．123234345

（14）在窗体上画一个命令按钮（其 Name 属性为 Command1），然后编写如下事件过程：

```
Option Base 1
Private Sub Command1_Click( )
Dim A（5）As Integer
Dim m%， n%， i%
```

```
m = 0
n = 0
For i = 1 To 5
A（i）= 2*i+10
if A（i）>15 Then
m = m+1
Else
n = n+1
End If
Next i
Print m-n
End Sub
```

程序运行后，单击命令按钮，则输出结果是（ ）。

A. 5　　B. 1　　C. 2　　D. 3

（15）在窗体上画一个命令按钮（其 Name 属性为 Command1），然后编写如下事件过程：

```
Private Sub Command1_Click( )
Dim A（1 To 3）As Integer
Dim i%， j%， x%
x = 0
For i = 1 to 3
A（i）= i
Next i
j = 1
For i = 1 To 3
x = x+A（i）*j
j = j*10
Next i
Print x
End Sub
```

程序运行后，单击命令按钮，则输出结果是（ ）。

A. 123　　B. 321　　C. 456　　D. 6

（16）在窗体上画一个命令按钮（其 Name 属性为 Command1），然后编写如下事件过程：

```
Private Sub Command1_Click( )
Dim A%（1 To 5）， i%， x%， y%
For i = 1 To 5
A（i）= InputBox（"输入第" & i & "个数据"）
Next i
x = A（1）： y = 1
```

```
For i = 2 To 5
If x < A (i) Then
x = A (i)
y = i
End If
Next i
Print x; " , " ;y
End Sub
```

程序运行后，单击命令按钮，如果在输入对话框中依次输入14，22，19，6，93则输出结果是（ ）。

A．14，1　　B．22，5　　C．93，5　　D．6，4

（17）有如下程序段：

```
Private Sub Form_Click( )
Static Test (1 To 4) As Integer, I As Integer
For i = 4 To 1 Step -1
Test (i) = Test (i) +5- i
Next i
For i = 1 To 4
Print Test (i) ;
Next i
Print
End Sub
```

程序运行后，第二次单击窗体空白处，则输出结果是（ ）。

A．1234　　B．2468　　C．4321　　D．8642

（18）假设有如下程序代码：

```
Function P(s As String) As String
Dim s1 As String
For i = 1 To Len(s)
s1 = s1 & LCase(Mid(s, i, 1))
Next i
P = s1
End Function
Private Sub Command1_Click( )
Dim str1 As String, str2 As String
str1 = InputBox("请输入一个字符串")
str2 = P(str1)
Print str2
End Sub
```

程序运行后，单击命令按钮，如果在输入对话框中输入字符串" HAPPY "，则输出结果是（ ）。

A．HAPPY　　B．happy　　C．Happy　　D．yppah

（19）下列关于通用过程的描述，正确的是（ ）。

A．通用过程与对象有关，对象事件触发后被调用

B．通用过程的过程名由系统自动指定

C．通用过程不与对象相关，是用户创建的一段共享代码

D．通用过程具有返回值

（20）下列关于函数过程的描述，正确的是（ ）。

A．函数过程的返回值可以有多个

B．如果省略函数返回值的类型，则返回整型的函数值

C．函数形参的类型与函数返回值的类型没有关系

D．函数不能脱离控件而独立存在

（21）在窗体上画一个命令按钮（其 Name 属性为 Command1），然后编写如下事件过程：

```
Private Sub Command1_Click( )
Static x As Integer
Static y As Integer
Dim z As Integer
x = x+1
y = 1
y = y+1
z = z+1
Print x，y，z
End Sub
```

程序运行后，两次单击命令按钮，则输出结果是（ ）。

A．1 2 1　　B．2 2 2　　C．2 2 1　　D．2 3 1

（22）有下列程序代码：

```
Sub P1（ByVal a As Integer， ByVal b As Integer）
a = a+b
End Sub
Sub P2（a As Integer， b As Integer）
a = a+b
End Sub
Private Sub Command1_Click( )
Dim x%， y%
x = 1
y = 2
P1 x， y
Print x，y，
P2 x，y
```

```
Print x
End Sub
```

程序运行后，单击命令按钮，则输出结果是（ ）。

A. 1 2 3　　B. 3 2 3　　C. 3 2 5　　D. 3 2 1

（23）有下列程序代码：

```
Sub P（a( )As Integer）
For i = 1 To 3
a（i）= i
Next i
End Sub
Private Sub Command1_Click( )
Dim a（1 To 3）As Integer
a（1）= 3
a（2）= 2
a（3）= 1
P a( )
For i = 1 To 3
Print a（i）;
Next i
End Sub
```

程序运行后，单击命令按钮，则输出结果是（ ）。

A. 123　　B. 321　　C. 434　　D. 246

（24）有下列程序代码：

```
Function F（a As Integer）
b = 0
Static c
b = b+1
c = c+1
F = a+b+c
End Function
Private Sub Command1_Click( )
Dim x As Integer
x = 1
For i = 1 To 2
Print F（x），
Next i
End Sub
```

程序运行后，单击命令按钮，则输出结果是（ ）。

A. 3 5　　B. 3 4　　C. 3 3　　D. 2 3

（25）在窗体上画三个命令按钮（其 Name 属性分别为 Command1，Command2，Command3），然后编写如下事件过程：

```
Public x As Integer
Private Sub Command1_Click( )
x = 1
End Sub
Private Sub Command2_Click( )
Dim x As Integer
x = 2
Print x，
Print Form1.x，
End Sub
Private Sub Command3_Click( )
Print x
End Sub
```

程序运行后，分别单击命令按钮 Command1，Command2，Command3，则输出结果是（ ）。

A. 2 1 1　　B. 1 1 1　　C. 2 2 0　　D. 2 2 2

2）填空题

（1）在调用 Sub 过程和 Function 过程时，参数的传递有两种方式：按值传递、按地址传递。定义过程时，缺省的参数传递方式是________________。

（2）在调用 Sub 过程和 Function 过程时，当形参是________时，只能采用传址方式，即定义形参数组时，前面不能加 ByVal 关键字。

（3）Sub 过程分为两类：__________和___________。

（4）在窗体上画一个名称为“Command1”，标题为“计算”的命令按钮，再画 7 个标签，其中 5 个标签组成名称为 Label1 的控件数组；名称为 Label2 的标签用于显示计算结果，其 Caption 属性的初始值为空；标签 Label3 的标题为“计算结果”。运行程序时会自动生成 5 个随机数，分别显示在标签控件数组的各个标签中，如图 5-3-1 所示。单击“计算”按钮，则将标签的数组各元素的值累加，然后计算结果显示在 Label2 中，请填空：

```
Private Sub Command1_Click( )
Sum=0
For i=0 To 4
Sum=Sum＋_________
Next
__________=Sum
End Sub
```

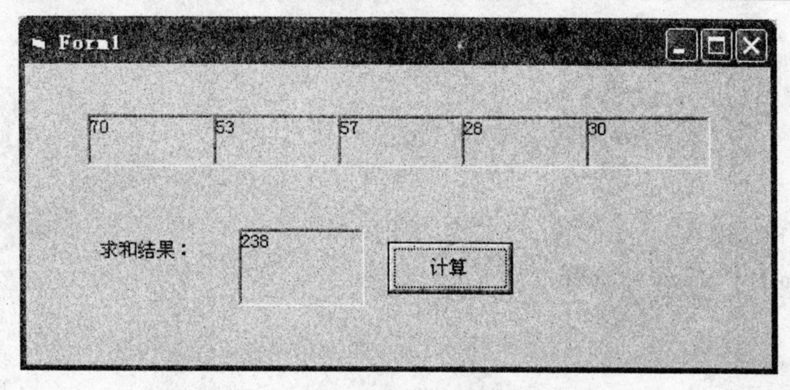

图 5-3-1 程序运行界面

（5）以下程序段完成矩阵的转置，即将一个 n*m 的矩阵的行和列互换。请填空。

```
Option Base 1
Private Sub Form_Click( )
Const n = 3
Const m = 4
Dim a（n, m）, b（m, n）As Integer
For i = 1 To n
For j = 1 To m
a（i, j）= i + j
Next j
Next i
For i = 1 To n
For j = 1 To m
________________
Next j
Next i
End Sub
```

（6）建立一矩阵：对角线元素为 1，其余元素为 0，请把该程序段填充完整。

```
Option Base 1
Private Sub Form_Click( )
Const n = 3
Const m = 4
Dim mat（10, 10）
For i = 1 To 10
For j = 1 To 10
If i = j Then
____________
Else
```

```
______________
End If
Next j
Next i
End Sub
```

（7）有如下的函数：

```
Function fun（ByVal num As Long）As Long
k = 1
num = Abs（num）
Do While num
k = k *（num Mod 10）
num = num \ 10
Loop
fun = k
End Function
```

函数的功能：__________，fun（123）的值为________________。

（8）下面程序中，包含了一个求三个数最大值的 Function 过程 max，程序运行后，单击窗体求出 5 个数 2、43、-9、23、32 的最大值，请把下列程序补充完整。

```
Function max（ByVal a As Integer， ByVal b As Integer， ByVal c As Integer）
If a ＞ b Then
m = a
Else
m = b
End If
If m ＞ c Then
max = m
Else
max = c
End If
End Function
Private Sub Form_Click( )
Dim max1
Print " 5 个数 2、43、-9、23、32 的最大值是： ";
________________________
________________________
Print max1
End Sub
```

（9）在 Form1 上有按钮控件 Command1，Form1 中的程序如下：

```
Static Sub add（a As Integer）
Dim i As Integer
i = i + 1
a = a + i
End Sub
Private Sub Command1_Click( )
Dim t As Integer
t = 2
add t
add t
Print t
End Sub
```

两次单击命令按钮后，Form1 上显示的运行结果为______。

（10）下面程序段实现的功能是统计输入的任意个数之和，请将程序补充完整。

```
Dim N As Integer，A（ ）As Single， i As Integer， s As Single
N = InputBox（"输入几个数？"）
________________________
For i = 1 To N
A（i）= InputBox（"输入第" + Str（i）+ "个数"）
s = s + A（i）
Next i
Print N; "个数之和为"; s
```

第 6 章 常用的内部控件

6.1 知识要点

6.1.1 单选按钮和复选框的使用

在应用程序中，复选框和单选按钮用于表示状态，而且状态是可以改变的。复选框的状态只有两个：选取（方框的中间有一个“√”），不被选取（方框的中间没有“√”，而仅是一个空白的小方框）；单选按钮的状态也只有两个：选取（圆圈的中心有一个实心圆），不被选取（圆圈的中心没有实心圆）。在一组复选框中可以同时选择多个复选框；与此相反，在一组单选按钮中，只能选择其中的一个，当打开某个单选按钮时，其他单选按钮均处于关闭状态。

单选按钮和复选框均可以接收 Click 事件，但通常不对单选按钮和复选框的 Click 事件进行处理。

单选按钮和复选框上不能显示任何字符（用 Caption 属性设置除外），所以，前面所有的方法对它们均不适用。

6.1.2 列表框和组合框的使用

列表框能接收 Click 事件和 DblClick 事件。一般情况下，不用编写 Click 事件，因为当用户单击一列表项时，系统会自动地加亮（即反白显示）所选择的列表项，所以，只要编写 DblClick 事件过程，读取 Text 属性以决定被选中的列表项，而这样的事件可以安排在一个命令按钮的事件过程中实现。

以下三种方法均适用于列表框和组合框。

1）Addltem 方法

Addltem 方法用于在列表框的指定位置插入一列表项。格式：

对象.AddItem 项目字符串[，索引值]。

AddItem 方法是把“项目字符串”的文本内容放入“列表框”中。如果省略索引值，即在列表框的末尾插入。该方法只能单个地向表中添加项目。例如，在列表框 Listl 中插入第三项，值为“天津”，可以使用语句：List1.AddItem “天津”， 2

2）Clear 方法

Clear 方法用于从列表框中删除所有的列表项。格式：

对象.Clear。

执行 Clear 方法后，ListCount 属性重新被设置为 0。

3）RemoveItem 方法

RemoveItem 方法用于从列表框中删除一个列表项。格式：

对象.RemoveItem 索引值。

例如，要想清除列表框 List1 中的第三项，可以执行语句：List1.RemoveItem 2

6.1.3 框架、滚动条和计时器的使用

1）框架

框架（Frame）是一个容器控件，用于在窗口上将其中的对象进行分组。当框架框住一组单选按钮时，则这一组单选按钮中只有一个按钮的状态为 True。当在一个窗体窗口中有多组单选按钮时，则需要用框架框住。对于其他对象，框架工具则提供视觉上的区分和总体的激活或屏蔽特性。

2）滚动条

滚动条工具用于创建滚动条，滚动条的两端各有一个滚动箭头，在滚动箭头之间有一个滚动框。滚动条对象用于报告滚动条中滚动框的位置。滚动条的范围及滚动框前进的步长均可加以控制。滚动条分为水平滚动条（HScrollBar）和垂直滚动条（VScrollBar）两种。

（1）属性。

① LargeChange 属性。该属性用于设置单击滚动条时滚动框滚动的增减量，取值范围是 1～32 767。

② SmallChange 属性。该属性用于设置单击滚动条两端的箭头按钮时滚动块的增减量，取值范围是 1～32 767。

③ Min 属性。该属性用于设置滚动条所能表示的最小值（左端点或顶端点），取值范围是-32 768～32 767。缺省设置为 0。当滚动条位于最左端或最顶端时，Value 取该值。

④ Max 属性。该属性用于设置滚动条所能表示的最大值（右端点或底端点），取值范围是-32 768～32 767。缺省设置为 32 767。当滚动条位于最右端或最底端时，Value 属性将被设置为该值。

⑤ Value 属性。该属性用于记录滚动框在滚动条中的当前位置值。如果在程序中设置该属性值，则系统会自动将滚动框移动到相应的位置。当将该属性值设置为 Max 和 Min 属性值之外的数值时，会产生一条错误信息。

（2）事件。滚动条接收的事件主要是 Scroll 事件和 Change 事件。

① Scroll 事件。当用户在滚动条中拖动滚动框时会触发该事件，但当单击滚动箭头或滚动条时不发生 Scroll 事件。该事件用于跟踪滚动条中滚动框的动态变化。

② Change 事件。当用户在滚动条中修改滚动框的位置时会引发该事件。且当用户单击滚动箭头时也会引发该事件。该事件用于得到滚动条中滚动块最后位置的数值。

3）计时器

计时器是按一定的时间间隔触发事件的对象。使用时钟，可以每隔一段相同的时间，就执行一次相同的代码。时间间隔指的是各计时器事件之间的时间，以毫秒（千分之一秒）为单位。在工具箱中，计时器的默认的名称为 Timerx（ x 为 1， 2， 3， ...）。

（1）属性。计时器的标准属性有 Left、Name 和 Top。计时器还有以下一些其他属性，其中一个很重要的属性是 Interval。

① Interval 属性。该属性用于设置计时器的时间间隔。它的计时单位为 ms，其值范围是 0～65 535。若该属性值为 0，则屏蔽计时器。计算计时器时间间隔的公式如下：

T=1000/n

其中，T 是计时器间隔时间，n 是希望每秒发生计时器事件的次数。例如，如果希望每秒钟发生一次计时器事件，则 Interval 属性设置为 1000。而如果希望每秒钟发生 10 次计时器事件，则 Interval 属性设置为 1000/10，即 100。

② Enabled 属性。该属性用于设置计时器起作用或不起作用。当该属性的值为 True 时，计时器将起作用，即会定时激发计时器事件；当该属性的值为 False 时，计时器将不起作用，即不会定时激发计时器事件。此时的效果与 Interval 属性值设置为 0 时相同。

（2）事件。计时器对象在程序运行时不可见，因此不可能通过单击计时器对象来发生计时器事件。计时器事件是按照它的 Interval 属性值有规律地发生，只要达到一定的时间间隔，就会激发计时器事件，即 Timer 事件。

（3）方法。计时器对象没有相应的方法。计时器控件只在设计时出现在窗体上。

6.1.4 通用对话框的使用

通用对话框是一种 ActiveX 控件，它随同 Visual Basic 提供给程序设计人员。一般情况下，启动 Visual Basic 后，在工具箱中没有通用对话框（CommonDialog）控件。因此在使用通用对话框控件之前，应先将它加入到控件工具箱中。加入方法如下：

（1）首先选择【工程】|【部件】选项，打开【部件】对话框。

（2）选中“Microsoft CommonDialog Control 6.0”，再单击【确定】按钮，即完成了 CommonDialog 控件的加入，此时在控件工具箱中可以找到 CommonDialog 控件的图标。

通用对话框的默认名称（Name 属性）为 CommonDialogx（x 为 1，2，3，…）。通用对话框控件提供一组标准的操作对话框，进行诸如打开和保存文件、设置打印选项，以及选择颜色和字体等操作。设计时，先将该控件放在窗体上，此时通用对话框控件只显示成一个图标，该图标的大小不能改变（与计时器类似）。程序运行后，当相应的方法被调用时，将显示一个对话框或执行帮助引擎。

通用对话框控件通常显示的对话框包括：“打开”对话框、“另存为”对话框、“颜色”对话框、“字体”对话框和“打印”对话框。

6.2 实验

6.2.1 实验 1：格式化字体程序

1）实验目的

掌握单选按钮、复选框和框架的使用。

2）实验内容

设计一程序，在“字体外观”框架中选择一个或多个选项，在“字体大小”框架中选择一种字体，在“字体颜色”框架中选择一种前景色，单击“确定”按钮，可以使文本框中的文本格式按所选择的参数进行设置。如图 6-2-1 所示。

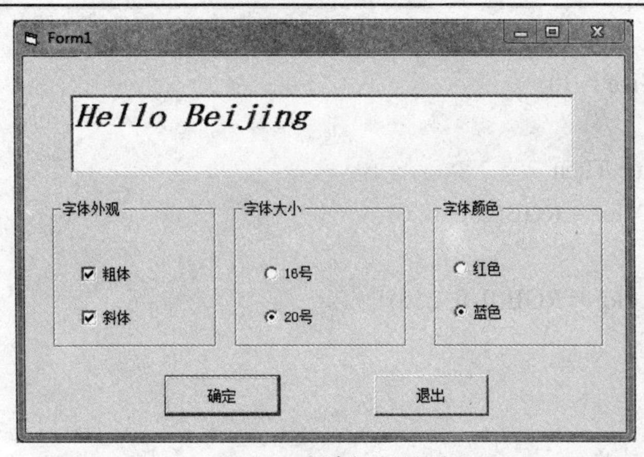

图 6-2-1 程序运行界面

3）实验步骤

（1）参考图 6-2-1 设计程序界面，在窗体中添加一个文本框，两个命令按钮，三个框架。第一个框架中添加两个复选框，其他两个框架中分别添加两个单选按钮。各控件的属性设置通过 Form_Load 事件过程中的语句来实现。

（2）添加如下代码：

```
Private Sub Form_Load( )
   Frame1.Caption = "字体外观"
   Frame2.Caption = "字体大小"
   Frame3.Caption = "字体颜色"
   Check1.Caption = "粗体"
   Check2.Caption = "斜体"
   Option1.Caption = "16 号"
   Option2.Caption = "20 号"
   Option3.Caption = "红色"
   Option4.Caption = "蓝色"
   Option1.Value = True
   Option3.Value = True
   Text1.FontName = "宋体"
   Text1.FontSize = 14
   Text1.ForeColor = RGB(255, 0, 0)
End Sub

Private Sub Command1_Click( )
   Text1.FontBold = Check1.Value
   Text1.FontItalic = Check2.Value
   If Option1.Value Then
      Text1.FontSize = 16
```

```
    Else
       Text1.FontSize = 20
    End If
    If Option3.Value Then
       Text1.ForeColor = RGB(255, 0, 0)
    Else
       Text1.ForeColor = RGB(0, 0, 255)
    End If
  End Sub

Private Sub Command2_Click( )
    End
End Sub
```

（3）保存工程。

（4）运行调试。

6.2.2 实验 2：调色板

1）实验目的

（1）掌握滚动条的属性设置和使用方法。

（2）掌握控件数组的应用。

2）实验内容

设计一个调色板应用程序，使用三个滚动条作为三种基本颜色的输入工具，合成的颜色显示在右边的颜色区（一个标签框），用合成的颜色设置其背景色（BackColor 属性）。当完成调色以后，用“设置前景颜色”或“设置背景颜色”按钮设置一文本框的前景和背景颜色。程序设计界面如图 6-2-2 所示。

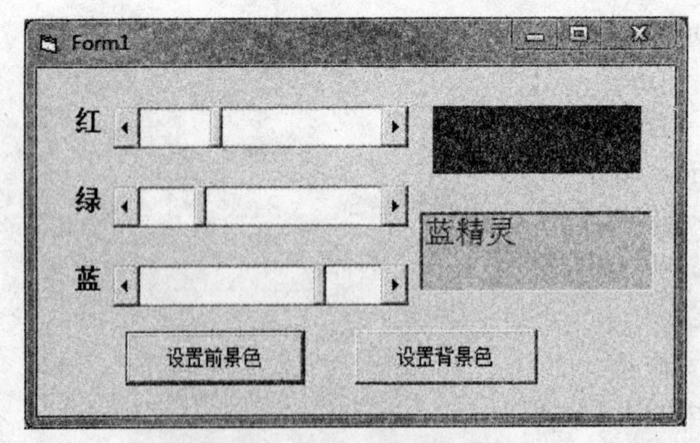

图 6-2-2 程序运行界面

3）实验步骤

（1）参考图 6-2-2 设计程序界面，绘制一个文本框，两个命令按钮，四个标签和一个水平滚动条控件数组。设置每个控件的属性，其中三个水平滚动条分别设置其属性 Max 为 255，Min 为 0，LargeChange 为 10。

（2）添加如下代码：

```
Option Explicit
'设置前景色
Private Sub Command1_Click( )
   Text1.ForeColor = Label4.BackColor
End Sub

'设置背景色
Private Sub Command2_Click( )
   Text1.BackColor = Label4.BackColor
End Sub

'颜色合成（使用控件数组）
Private Sub hscroll1_Change(Index As Integer)
   Label4.BackColor = RGB(HScroll1(0).Value, HScroll1(1).Value, HScroll1(2).Value)
End Sub

Private Sub hscroll1_Scroll(Index As Integer)
  Call hscroll1_Change(Index)
End Sub
```

（3）保存工程。

（4）运行调试。

6.2.3 实验 3：电子时钟

1）实验目的

掌握时钟的属性设置和使用方法。

2）实验内容

在窗体上显示一个如图 6-2-3 所示的电子时钟，要求每秒钟更新一次时间。

图 6-2-3 程序运行界面

3）实验步骤

（1）参考图 6-2-3 程序界面，绘制一个标签，设置标签的 BorderStyle 属性为 1，添加一个时钟控件。

（2）添加如下代码：

```
Private Sub Form_Load( )
   Timer1.Interval = 1000
End Sub

Private Sub Timer1_Timer( )
   Label1.FontName = "roman"
   Label1.FontSize = 30
   Label1.Alignment = 2
   Label1.Caption = Time$
End Sub
```

（3）保存工程。

（4）运行调试。

6.2.4 实验 4：选课程序

1）实验目的

掌握组合框的属性设置和使用方法。

2）实验内容

参照图 6-2-4 设计一程序，单击“确定”按钮后，将用户所选的课程显示在图片框中。

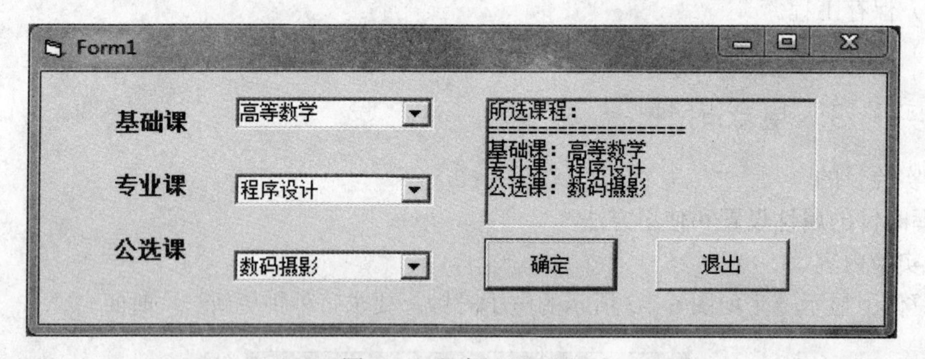

图 6-2-4 程序运行界面

3）实验步骤

（1）参考图 6-2-4 设计程序界面，绘制一个图片框，两个命令按钮，三个标签和三个组合框。在三个组合框的 List 属性中分别添加相应的课程名称，并分别将 Style 属性设置为 0 或 2。

（2）添加如下代码：

```
Private Sub Command1_Click( )
```

```
    Picture1.Cls
    Picture1.Print "所选课程："
    Picture1.Print String(20, "=")
    Picture1.Print "基础课："; Combo1.Text
    Picture1.Print "专业课："; Combo2.Text
    Picture1.Print "公选课："; Combo3.Text
End Sub

Private Sub Command2_Click( )
    End
End Sub

Private Sub Form_Load( )
    Combo1.Text = Combo1.List(0)
    Combo2.Text = Combo2.List(0)
    Combo3.Text = Combo3.List(0)
End Sub
```

（3）保存工程。

（4）运行调试。

6.2.5 实验 5：统计人名程序

1）实验目的

掌握列表框的属性设置和使用方法。

2）实验内容

参照图 6-2-5 设计一程序，在左侧文本框中输入人名，单击“添加”按钮后，将人名显示在右侧列表框中，并在标签中显示列表框中当前总人数。选中列表框中的某一人，“删除”按钮变为可用，如图 6-2-6 所示。单击“删除”按钮后，将选中项目从列表框中删除，“删除”按钮变为不可用，并重新计算并显示当前人数，如图 6-2-7 所示。

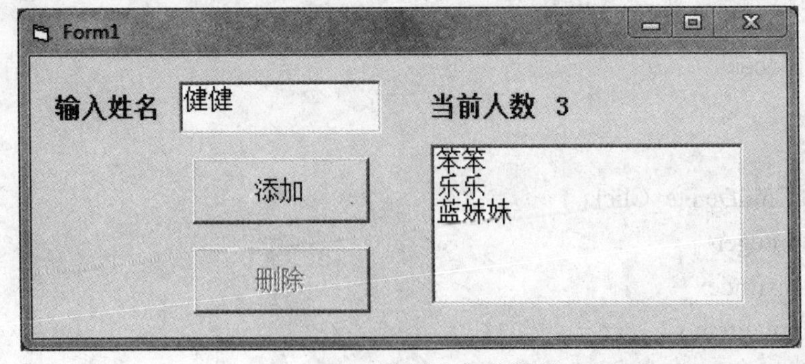

图 6-2-5 程序运行初始界面

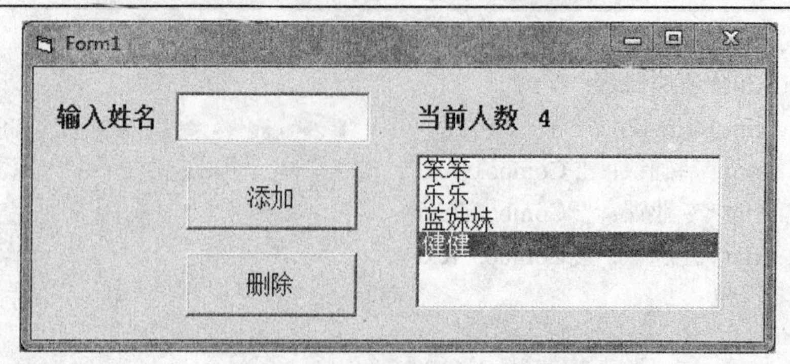

图 6-2-6 选中列表框中的某一人后界面

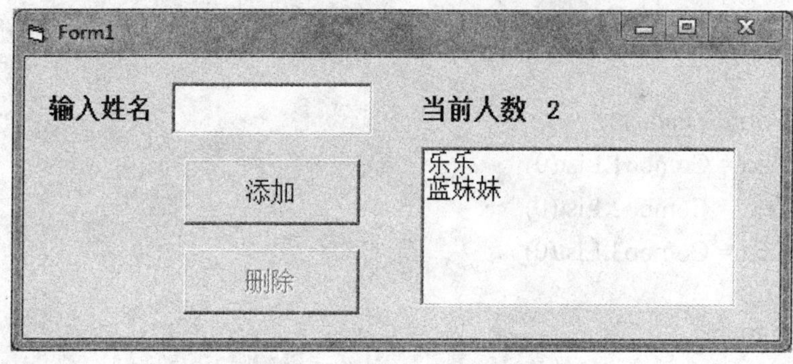

图 6-2-7 单击“删除”按钮后界面

3）实验步骤

（1）参考图 6-2-5 设计程序界面，绘制一个文本框，两个命令按钮，三个标签和一个列表框。

（2）添加如下代码：

```
Private Sub CmdAdd_Click( )
    If Text1.Text <> "" Then
        List1.AddItem Text1.Text
        Label3.Caption = List1.ListCount
        Text1.Text = ""
    End If
    Text1.SetFocus
End Sub

Private Sub CmdDelete_Click( )
    Dim i As Integer
    i = List1.ListIndex
    List1.RemoveItem i
    Label3.Caption = List1.ListCount
    CmdDelete.Enabled = False
```

```
End Sub

Private Sub Form_Load( )
   CmdDelete.Enabled = False
End Sub

Private Sub List1_Click( )
   CmdDelete.Enabled = True
End Sub
```

（3）保存工程。

（4）运行调试。

6.2.6 实验 6: 个人资料

1）实验目的

综合应用列表框、组合框、单选按钮、检查框、框架。

2）实验内容

设计一个个人资料输入窗口，使用单选按钮选择“性别”，组合框列表选择“民族”，检查框选择“爱好的食物”。单击“确定”按钮，列表框列出个人资料信息；单击“重选”按钮，清空列表框中的内容。程序运行界面如图 6-2-8 所示。

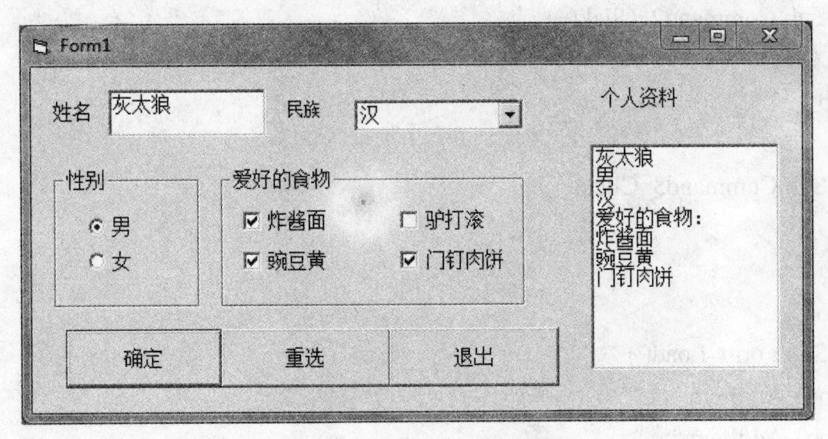

图 6-2-8 程序运行界面

3）实验步骤

（1）参考图 6-2-8 程序界面，绘制三个标签，三个命令按钮，一个文本框，一个组合框，一个列表框，两个框架，两个单选按钮和四个复选框，并设置相应属性。

（2）添加如下代码：

```
Private Sub Command1_Click( )
   List1.AddItem Text1
   If Option1 Then
```

```
        List1.AddItem "男"
    Else
        List1.AddItem "女"
    End If
    List1.AddItem Combo1
    List1.AddItem "爱好的食物："
    If Check1 Then
        List1.AddItem "炸酱面"
    End If
    If Check2 Then
        List1.AddItem "驴打滚"
    End If
    If Check3 Then
        List1.AddItem "豌豆黄"
    End If
    If Check4 Then
        List1.AddItem "门钉肉饼"
    End If
End Sub
Private Sub Command2_Click( )
    List1.Clear
End Sub

Private Sub Command3_Click( )
    End
End Sub

Private Sub Form_Load( )
    Combo1.AddItem "汉"
    Combo1.AddItem "满"
    Combo1.AddItem "回"
    Combo1.AddItem "其他"
End Sub
```

（3）保存工程。

（4）运行调试。

6.2.7 实验 7：文字放大程序

1）实验目的

掌握时钟的应用。

2）实验内容

显示文字“欢迎”，文字初始大小是 10 号，每 0.2 秒将文字放大 1.2 倍，当字号放大超过 100 时重新将文字大小恢复至 10 号，如图 6-2-9 所示。

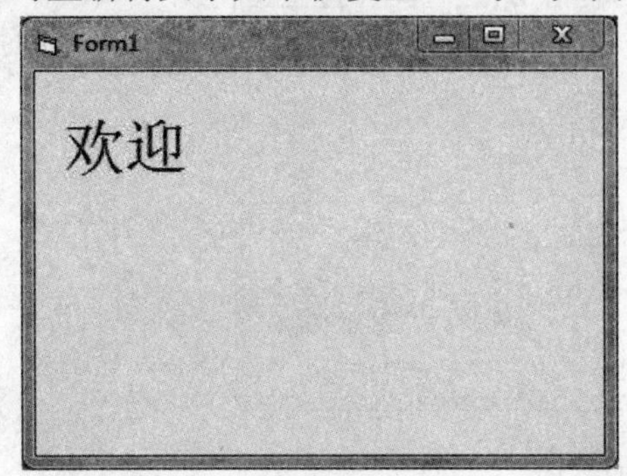

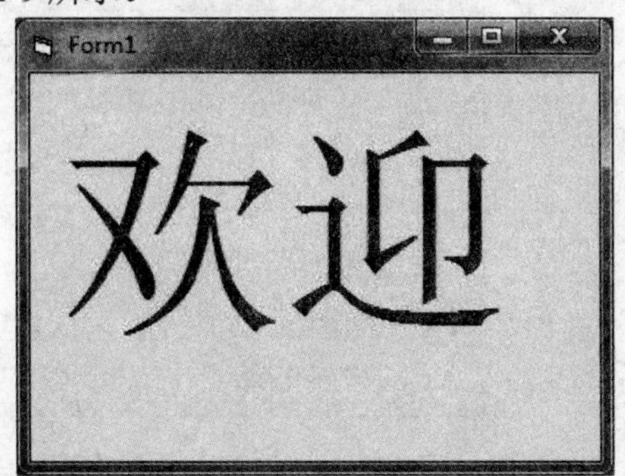

图 6-2-9 程序运行界面

3）实验步骤

（1）在窗体上绘制一个标签，添加一个时钟控件。

（2）添加如下代码：

```
Private Sub Form_Load( )
  Label1.FontName = "宋体"
  Label1.Caption = "欢迎"
  Label1.Width = Width
  Label1.Height = Height
  Timer1.Interval = 200
End Sub
Private Sub Timer1_Timer( )
  If Label1.FontSize < 100 Then
    Label1.FontSize = Label1.FontSize * 1.2
  Else
    Label1.FontSize = 10
  End If
End Sub
```

（3）保存工程。

（4）运行调试。

6.2.8 实验 8：通用对话框

1）实验目的

掌握字体对话框和颜色对话框的使用。

2）实验内容

在窗体上画一个文本框和三个命令按钮，如图 6-2-10 所示。单击“设置背景色”按钮，通过颜色对话框设置文本框的背景色，单击“设置前景色”按钮，通过颜色对话框设置文本框的前景色，单击“设置字体”按钮，通过字体对话框设置文本框的字体。

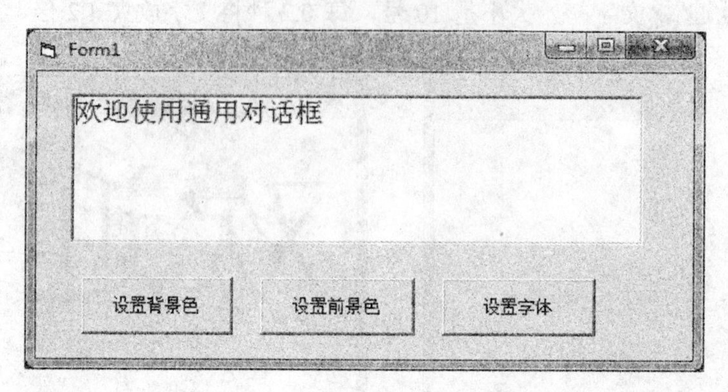

图 6-2-10 程序运行界面

3）实验步骤

（1）在窗体上绘制一个文本框和三个命令按钮。

（2）执行“工程”菜单中的“部件”命令，打开“部件”对话框，添加 Microsoft Common Dialog Control 6.0。如图 6-2-11 所示。

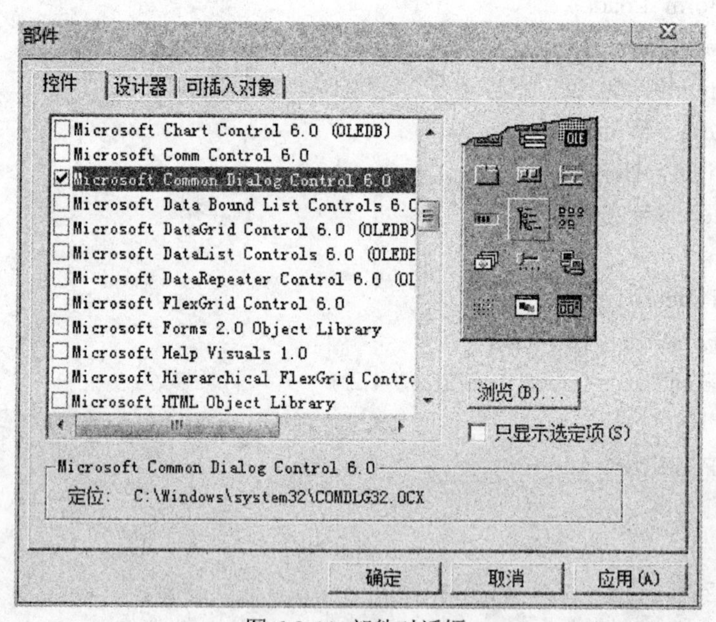

图 6-2-11 部件对话框

（3）添加如下代码：

```
Private Sub Command1_Click( )
CommonDialog1.Flags = cdlccOpen '为颜色对话框设置初始值
CommonDialog1.ShowColor '显示颜色对话框
Text1.BackColor = CommonDialog1.Color
```

```
End Sub

Private Sub Command2_Click( )
CommonDialog1.Flags = cdlccOpen '为颜色对话框设置初始值
CommonDialog1.ShowColor '显示颜色对话框
Text1.ForeColor = CommonDialog1.Color
End Sub

Private Sub Command3_Click( )
CommonDialog1.ShowFont '显示字体对话框
Text1.FontBold = CommonDialog1.FontBold
Text1.FontItalic = CommonDialog1.FontItalic
Text1.FontName = CommonDialog1.FontName
Text1.FontSize = CommonDialog1.FontSize
Text1.FontStrikethru = CommonDialog1.FontStrikethru
Text1.FontUnderline = CommonDialog1.FontUnderline
End Sub

Private Sub Form_Load( )
Text1.Text = "欢迎使用通用对话框"
Text1.FontSize = 14
End Sub
```

（4）保存工程。

（5）运行调试。

6.3 练习题

1）选择题

（1）以下能够触发文本框 Change 事件的操作是（ ）。

A．文本框失去焦点　B．文本框获得焦点　C．设置文本框的焦点　D．改变文本框的内容

（2）为了在按 Esc 键时执行某个命令按钮的 Click 事件过程，需要把命令按钮的一个属性设置为 True，这个属性是（ ）。

A．Value　B．Default　C．Cancel　D．Enabled

（3）图像框有一个属性，可以自动调整图形的大小，以适应图像框的尺寸，这个属性是（ ）。

A．Autosize　B．Stretch　C．AutoRedraw　D．Appearance

（4）在窗体上画一个文本框（其 Name 属性为 Text1），然后编写如下事件：

```
Private Sub Form_Load( )
Text1 = " "
```

```
Text1.SetFocus
For i = 1 To 10
Sum = Sum + i
Next i
Text1.Text = Sum
End Sub
```

上述程序的运行结果是（ ）。

A．在文本框 Text1 中输出 55　　B．在文本框 Text1 中输出 0

C．出错　　D．在文本框 Text1 中输出不定值

（5）在程序运行期间，如果拖动滚动条上的滚动块，则触发的滚动条事件是（ ）。

A．Move　　B．Change　　C．Scroll　　D．GetFocus

（6）为了暂时关闭计时器，应把计时器的某个属性设置为 False，这个属性为（ ）。

A．Visible　　B．Timer　　C．Enabled　　D．Interval

（7）假定窗体有一个标签，名为 Label1，为了使该标签透明并且没有边框，则正确的属性设置为（ ）。

A．Label1.Backstyle=0
Label1.BorderStyle=0

B．Label1.Backstyle=1
Label1.BorderStyle=1

C．Label1.Backstyle=True
Label1.Borderstyle=True

D．Label1.BackStyle=False
Label1.BorderStyle=False

（8）在窗体上画两个文本框（其名称分别为 Text1 和 Text2）和一个命令按钮（其名称为 Command1），然后编写两个事件过程：

```
Private Sub Command1_Click( )
    Text1 = " Visual Basic 计算机程序设计 "
End Sub
Private Sub Text1_Change( )
    Text2 = UCase（Text1.Text）
End Sub
```

程序运行后，单击命令按钮，则在 Text2 文本框中显示的内容是（ ）。

A．Visual Basic 计算机程序设计　　B．Visual Basic 计算机程序设计

C．VISUAL BASIC 计算机程序设计　　D．空字符串

（9）在窗体上画一个名称为 List1 的列表框，以及一个名称为 Label1 的标签。列表框中显示若干城市的名称。当单击列表框中的某个城市时，在标签中显示所选中城市的名称。下列能正确实现上述功能的程序是（ ）。

A．
```
Private Sub List1_Click（ ）
    Label1.Caption=List1.ListIndex
End Sub
```

B．
```
Private Sub List1_Click( )
    Label1.Name=List1.ListIndex
End Sub
```

C. Private Sub List1_Click（）

Label1.Caption=List1.

End Sub

D. Private Sub List1_Click( )

Label1.Caption=List1.Text

End Sub

（10）在窗体上画一个文本框、一个标签和一个命令按钮，其名称分别为 Text1、Label1 和 Command1，然后编写如下两个事件过程：

```
Private Sub Command1_Click( )
a=InputBox（" 请输入一个字符串 "）
Text1.Text=a
End Sub
Private Sub Text1_Change( )
Label1.Caption=Ucase（Mid（Text1.Text， 8））
End Sub
```

程序运行后，单击命令按钮，将显示一个输入对话框，如果在该对话框中输入字符串“Visual Basic”，则在标签中显示的字符是（ ）。

A. visual basic　　B. VISUAL BASIC　　C. basic　　D. BASIC

（11）在使用通用对话框控件时，如果同时设定了以下属性：DefaultExt=" doc "，FileName=" c：\file1.txt "，Filter=" 应用程序|*.exe "，则显示打开文件对话框时，在“文件类型”下拉列表中默认的文件类型是（ ）。

A. 应用程序|（*.exe）　　B. *.doc　　C. *.txt　　D. 不确定

（12）为了使列表框中的项目分多列显示，需要设置的属性为（ ）。

A. Columns　　B. Style　　C. List　　D. MultiSelected

（13）通过改变选项按钮（OptionButton）控件的（ ）属性值，可以改变按钮的选取状态。

A. Value　　B. Style　　C. Alignment　　D. Caption

（14）用户在组合框中输入或选择的数据可以通过一个属性获得，这个属性是（ ）。

A. List　　B. ListIndex　　C. Text　　D. ListCount

（15）以下叙述中错误的是（ ）。

A. 在程序运行中，通用对话框是不可见的。

B. 在同一程序中，用不同的方法（如 ShowOpen 或 ShowSave 等）打开的通用对话框具有不同的作用

C. 通用对话框控件的 ShowOpen 方法，可以直接打开在该通用对话框中指定的文件

D. 调用通用对话框控件的 ShowColor 方法，可以打开颜色对话框

2）填空题

（1）在窗体上画两个文本框（名称分别为 Text1 和 Text2）和一个命令按钮（名称为 Command1），然后编写如下事件过程：

```
Private Sub Command1_Click( )
Text1=InputBox（“请输入身高”）
Text2=InputBox（“请输入体重”）
```

End Sub

程序运行后，如果单击命令按钮，将先后显示两个输入对话框，在两个输入对话框中分别输入 1.78 和 75，则两个文本框中显示的内容分别为________和__________。

（2）为了在运行期间把“d：\pic”文件夹下的图形文件 A．jpg 装入图片框 Picture1，所使用的语句为__________。

（3）在窗体上画一个列表框、一个命令按钮和一个标签。程序运行后，在列表框中选择一个项目，然后单击命令按钮，即可将所选择的项目删除，并在标签中显示列表框当前的项目数，运行情况如图 6-3-1 所示。下面是实现上述功能的程序，请填空。

```
Private Sub Form_Load( )
List1.AddItem  " AAAAA "
List1.AddItem  " BBBBB "
List1.AddItem  " CCCCC "
List1.AddItem  " DDDD "
End Sub
Private Sub Command_Click( )
Dim L As Integer
L=______________
List1.RemoveItem _____________
Label1.Caption= ______________
End Sub
```

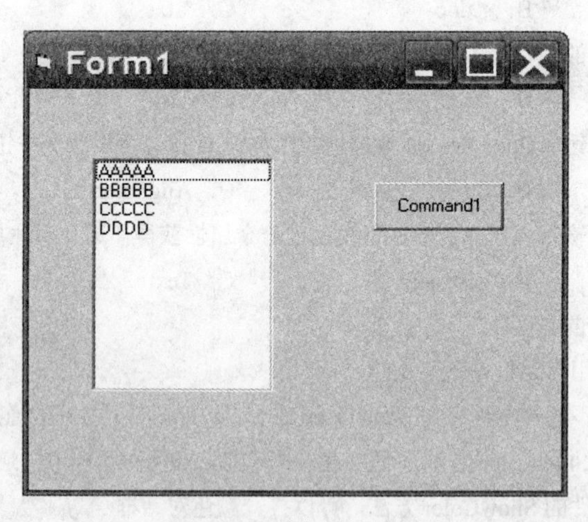

图 6-3-1 程序运行界面

（4）设窗体上有一个名称为 CD1 的通用对话框、一个名称为 Text1 的文本框和一个名称为 C1 的命令按钮。程序的功能是单击 C1 按钮，可以弹出打开文件对话框，对话框的标题是“打开文件”，如果单击对话框上的“打开”按钮，则把选中的文件读入 Text1 中。下面给出了 C1 的 Click 事件过程，请填空完成这个过程。

```
Private Sub C1_Click（ ）
Dim n As Long
```

```
CD1.__________ = " 打开文件 "
CD1.FlleName= " "
CD1.__________ = " 所有文件|*.*|文本文件|*.txt|word 文档|*.doc "
CD1.FiterIndex=2
CD1.____________
If CD1.FileName<> " " Then
Open____________ For_____________ As #1n=LOF（1）
Text1.Text=Input（n，1）
Close___________
End If
End Sub
```

（5）假定一个文本框的 Name 属性为 Text1，为了在该文本框中显示 Hello!，所使用的语句为______________________。

（6）一个控件在窗体上的位置由 __________ 和 __________ 属性决定，其大小由 __________ 和 __________ 属性决定。

（7）控件和窗体的 Name 属性只能通过__________ 设置，不能在_________ 期间设置。

（8）为了使标签能自动调整大小以显示全部文本内容，应把标签的_________ 属性设置为 True。

（9）要想在文本框中显示垂直滚动条，必须把__________ 属性设置为 2，同时还应把______________ 属性设置为__________。

（10）假定有一个文本框，其名称为 Text1，为了使该文本框具有焦点，应该执行的语句是___________。

（11）窗体、图片框或图像框中的图形通过对象的____________ 属性设置。

（12）组合框有三种不同的类型，这三种类型是_________、__________ 和_________，分别通过把属性___________ 设置为_________、_________、_________ 来实现。

（13）建立打开文件、保存文件、颜色、字体、打印对话框所使用的方法分别为__________、__________、__________、___________ 和__________。如果使用 Action 属性，则应把该属性的值分别设置为____________、____________、___________、___________ 和___________。

（14）在窗体上画一个列表框，然后编写如下两个事件过程：

```
Private Sub Form_Click( )
List1.RemoveItem 1
List1.RemoveItem 3
List1.RemoveItem 2
End sub
Private Sub Form_Load( )
List1.AddItem " ItemA "
List1.AddItem " ItemB
List1.AddItem " ItemC
List1.AddItem " ItemD
List1.AddItem " ItemE
```

```
End sub
```

运行上面的程序，然后单击窗体，列表框中所显示的项目为______________。

（15）在窗体上画一个名称为 Command1 的命令按钮和一个名称为 Text1 的文本框。程序运行后，Command1 禁用（灰色）。当无论向文本框中输入任何字符时，命令按钮 Command1 均变为可用。请在空格处填上适当的内容，将程序补充完整。

```
Private Sub Form_Load( )
Command1.Enabled=False
End Sub
Private Sub Text1______________( )
Command1.Enabled=True
End Sub
```

第7章 菜单界面设计

7.1 知识要点

7.1.1 菜单编辑器的使用

设计菜单需要使用菜单编辑器，菜单编辑器工具不在工具箱中，可以通过以下四种方式打开菜单编辑器：

（1）单击工具栏中的“菜单编辑器”按钮。

（2）选择“工具”菜单中的“菜单编辑器”菜单项。

（3）使用热键 Ctrl＋E。

（4）在需要建立菜单的窗体上单击右键，在弹出的对话框中选择“菜单编辑器”选项。

每个菜单项包括顶层菜单项和子菜单项，都可以看成是一个控件，都可以接收 Click 事件，而且菜单控件只响应唯一的 Click 事件。每个菜单项都有一个名字，把该名字和 Click 放在一起就组成了该菜单的 Click 事件过程。

7.1.2 弹出式菜单

弹出式菜单是通过 PopupMenu 方法弹出显示的，其格式为：

对象.PopupMenu 菜单名，Flags，X，Y，BoldCommand

说明：

① 对象：可选项，表示窗体名。如果省略对象，则表示该弹出式菜单只能在当前窗体中显示。

② 菜单名：是在菜单编辑器中定义的主菜单项名。

③ Flags：可选项，用以指定弹出式菜单的显示位置和激活菜单的行为。设置弹出式菜单的位置，可以使用下面三个位置参数：

0-VbPopupMenuLeftAlign：X 坐标指定菜单左边位置，这是缺省值。

4-VbPopupMenuCenterAlign：X 坐标指定菜单右边位置。

8- VbPopupMenuRightAlign：X 坐标指定菜单右边位置。设置选择菜单命令的方式，有下面两个行为参数可供选择：

0-VbPopupMenuLeftButton：单击左键选择菜单命令，这是缺省值。

2-VbPopupMenuRightButton：单击右键选择菜单命令，用于构造特殊的菜单命令体系。Flags 参数值可以是上面的两种参数之和，如 2＋8，若使用符号常量可用 OR 连接。

④ X：指定显示弹出式菜单的横坐标。如果该参数省略，则弹出式菜单显示在鼠标的当前位置。

⑤ Y：指定显示弹出式菜单的纵坐标。如果该参数省略，则弹出式菜单显示在鼠标的当

前位置。

⑥ BoldCommand：指定弹出式菜中的弹出式菜单控件的名字，用以显示为黑体正文标题。

为了显示弹出式菜单，通常把 PopupMenu 方法放在 MouseDown 事件中。

7.1.3 工具栏与状态栏

工具栏是一些常用菜单的图形按钮实现，工具栏为用户带来比用菜单更为快速的操作方式。可以通过 Active X 控件实现。为窗体添加工具栏，应使用工具条（ToolBar）控件和图像控件列表（ImageList）控件（不是标准控件）。

创建工具栏的步骤：

（1）添加 ToolBar 控件和 ImageList 控件。

（2）用 ImageList 控件保存要使用的图形。

（3）创建 ToolBar 控件，并将 ToolBar 控件与 ImageList 控件相关联，创建 Button 对象；编写 Button 的 Click 事件过程。

（4）单击工具栏控件时触发 Click 事件，单击工具栏上按钮时触发 ButtonClick 事件，并返回一个 Button 参数（表明按下哪个按钮）。

状态栏（StatusBar）通常位于窗体的底部，主要用于显示应用程序的各种状态信息。StatusBar 控件由若干个面板（Panel）组成，每一个面板包含文本和图片。StatusBar 控件最多能分成 16 个 Panel 对象。

7.2 实验

7.2.1 实验 1：答题程序

1）实验目的

（1）掌握菜单编辑器的使用方法。

（2）掌握菜单项常用的属性设置和事件编程。

（2）掌握建立下拉式菜单的方法。

2）实验内容

建立如图 7-2-1 所示界面。要求“位数”菜单包含“一位数”、“两位数”、“三位数”三个子菜单。“运算”菜单包含“加法”、“减法”和“乘法”三个子菜单。用户从“位数”和“运算”菜单中选定需要命题的位数和运算符号，单击“命题”按钮，程序按照用户所选定项目随机出题。用户输入计算结果，程序判断是否正确并给出提示。

3）实验步骤

（1）参考图 7-2-1 程序界面，绘制两个标签，两个文本框和两个命令按钮。

（2）打开菜单编辑器，建立如图 7-2-2 所示菜单。

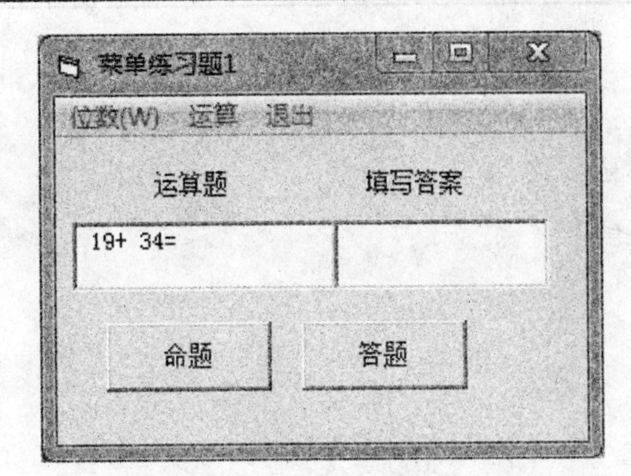

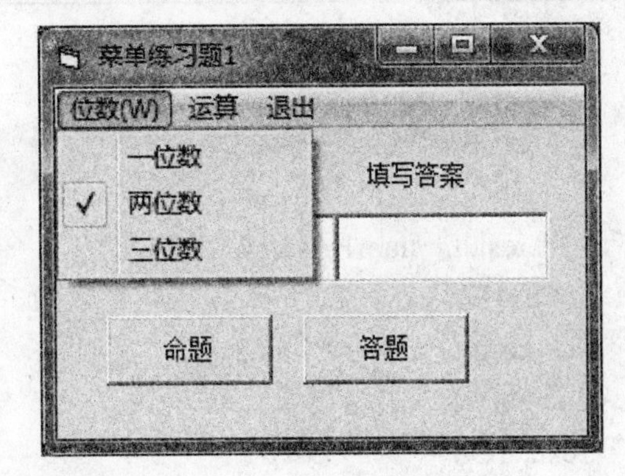

图 7-2-1 程序运行界面

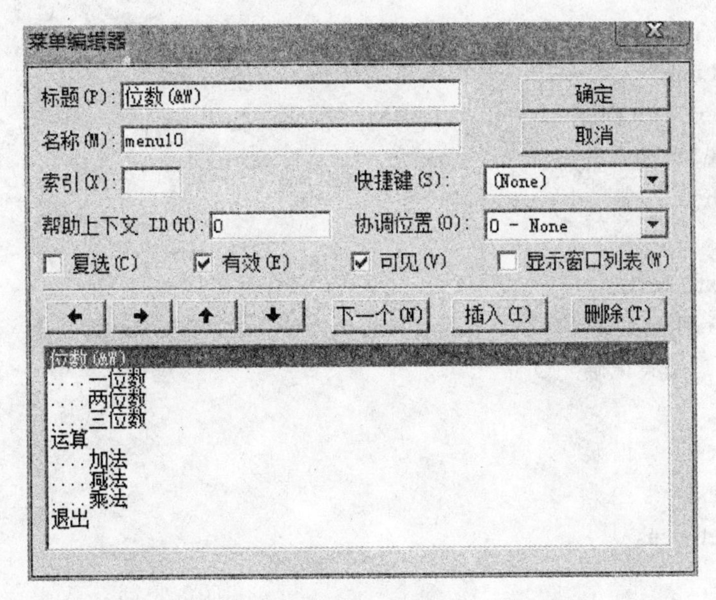

图 7-2-2 菜单编辑器

（3）添加如下代码：

```
Option Explicit
Dim digit As Integer, operator As String, result As Long
Private Sub Command1_Click( )
   Dim num1 As Long, num2 As Long
   If digit = 0 Or operator = "" Then
      MsgBox "请先选择运算数位数和运算符"
      Exit Sub
   End If
   num1 = digit + Int(9 * digit * Rnd)
   num2 = digit + Int(9 * digit * Rnd)
   Text1.Text = Str(num1) + operator + Str(num2) + "="
```

```
    Select Case operator
      Case "+"
        result = num1 + num2
      Case "-"
        result = num1 - num2
      Case "*"
        result = num1 * num2
    End Select
    Text2.Text = ""
    Text2.SetFocus
End Sub
Private Sub Command2_Click( )
    Dim r As Long
    If Text2.Text = "" Then
        MsgBox "请输入答案"
        Exit Sub
    End If
    r = Val(Text2.Text)
    If result = r Then
        MsgBox "答案正确"
    Else
        MsgBox "计算错误"
        Text2.Text = ""
        Text2.SetFocus
    End If
End Sub
Private Sub Form_Load( )
    digit = 0
    operator = ""
    Randomize
End Sub
Private Sub menu11_Click( )
    digit = 1
    menu11.Checked = True
    menu12.Checked = False
    menu13.Checked = False
End Sub
Private Sub menu12_Click( )
```

```
    digit = 10
    menu11.Checked = False
    menu12.Checked = True
    menu13.Checked = False
End Sub
Private Sub menu13_Click( )
    digit = 100
    menu11.Checked = False
    menu12.Checked = False
    menu13.Checked = True
End Sub
Private Sub menu21_Click( )
    operator = "+"
    menu21.Checked = True
    menu22.Checked = False
    menu23.Checked = False
End Sub
Private Sub menu22_Click( )
    operator = "-"
    menu21.Checked = False
    menu22.Checked = True
    menu23.Checked = False
End Sub
Private Sub menu23_Click( )
    operator = "*"
    menu21.Checked = False
    menu22.Checked = False
    menu23.Checked = True
End Sub
Private Sub menu30_Click( )
    End
End Sub
```

（4）保存工程。

（5）运行调试。

7.2.2 实验 2：京西旅游景点

1）实验目的

（1）掌握菜单项常用的属性设置和事件编程。

（2）掌握建立弹出式菜单的方法。

2）实验内容

建立如图 7-2-3 所示界面。用户单击窗体空白处弹出如图所示菜单，选择某个区县后，程序在两个标签中分别显示用户所选的区县名称和该区县的旅游景点，如图 7-2-4 所示。

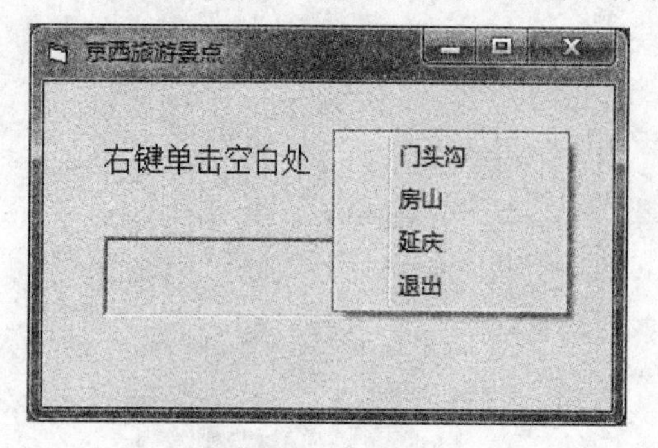

图 7-2-3 程序运行初始界面

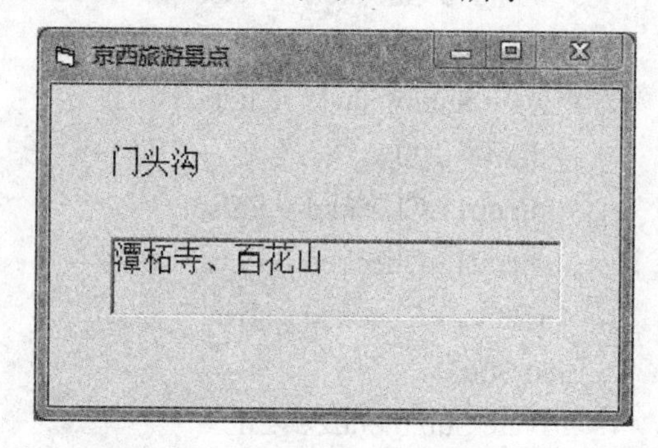

图 7-2-4 选择某个区县后界面

3）实验步骤

（1）参考图 7-2-3 程序界面，绘制两个标签，将 label2 的 BorderStyle 属性设置为 1。

（2）打开菜单编辑器，建立如图 7-2-5 所示菜单，其中将"主菜单"设置为"不可见"。

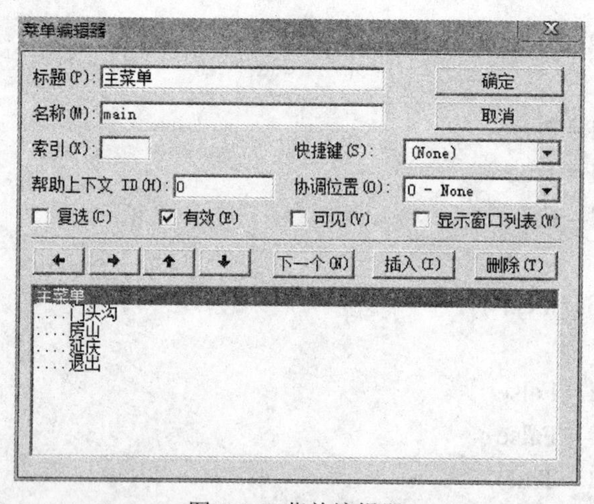

图 7-2-5 菜单编辑器

（3）添加如下编码：

```
Private Sub exit_Click( )
  End
End Sub

Private Sub Form_Load( )
  Label1.Caption = "右键单击空白处"
End Sub
```

```
Private Sub Form_MouseDown(Button As Integer, Shift As Integer, X As Single, Y As Single)
  If Button = 2 Then
    PopupMenu main
  End If
End Sub

Private Sub fs_Click( )
  Label1.Caption = "房山"
  Label2.Caption = "石花洞、十渡"
End Sub

Private Sub mtg_Click( )
  Label1.Caption = "门头沟"
  Label2.Caption = "潭柘寺、百花山"
End Sub

Private Sub yq_Click( )
  Label1.Caption = "延庆"
  Label2.Caption = "八达岭、龙庆峡"
End Sub
```

（4）保存工程。

（5）运行调试。

7.2.3 实验 3：文字格式化程序

1）实验目的

掌握下拉式菜单与弹出式菜单的综合应用。

2）实验内容

建立如图 7-2-6 和 7-2-7 所示界面。要求“字体”菜单包括“黑体”、“宋体”、分界线和“斜体”四个菜单项，“颜色”菜单包括“红色”和“蓝色”两个菜单项，文本框中右击，弹出“操作”快捷菜单，快捷菜单中包括“清除”和“退出”两个菜单项。编程实现菜单中的功能。

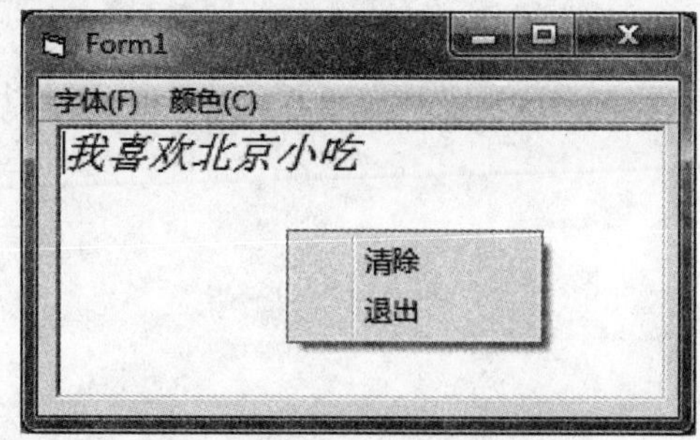

图 7-2-6 程序运行界面

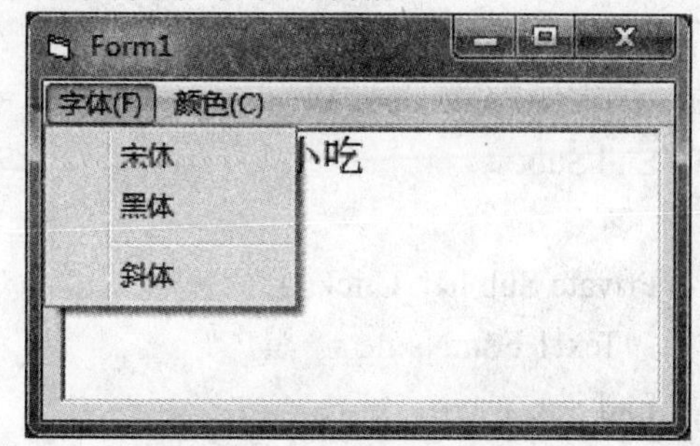

图 7-2-7 程序运行界面

3）实验步骤

（1）参考图 7-2-6 程序界面，绘制一个文本框。

（2）打开菜单编辑器，建立如图 7-2-8 所示菜单，将“操作”菜单设为不可见。

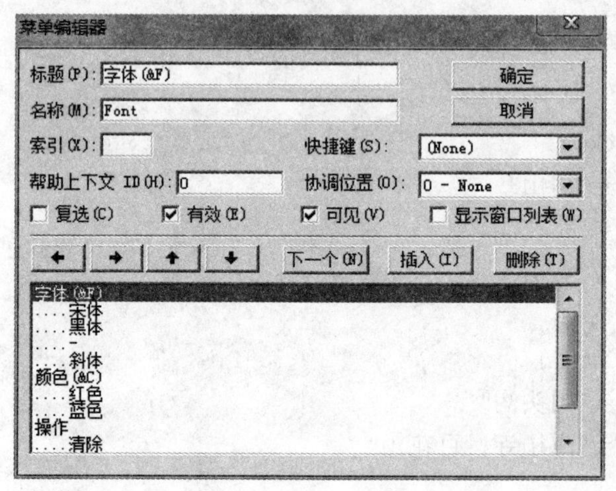

图 7-2-8 菜单编辑器

（3）添加如下代码：

```
Private Sub blue_Click( )
    Text1.ForeColor = RGB(0, 0, 255)
End Sub

Private Sub clear_Click( )
    Text1.Text = ""
End Sub

Private Sub exit_Click( )
    End
End Sub

Private Sub Form_Load( )
    Text1.Text = "我喜欢北京小吃"
    Text1.FontSize = 14
End Sub

Private Sub hei_Click( )
    Text1.FontName = "黑体"
End Sub
```

```
Private Sub italic_Click( )
    Text1.FontItalic = True
End Sub

Private Sub red_Click( )
    Text1.ForeColor = RGB(255, 0, 0)
End Sub

Private Sub song_Click( )
    Text1.FontName = "宋体"
End Sub

Private Sub Text1_MouseDown(Button As Integer, Shift As Integer, X As Single, Y As Single)
    Text1.Enabled = False
    Text1.Enabled = True
        '当在文本框中单击鼠标右键时，系统会弹出一个默认的系统菜单，可以用以上
        '两条语句切换一次文本框的可用性来屏蔽系统弹出菜单
    If Button = 2 Then
        PopupMenu operation
    End If
End Sub
```

（4）保存工程。

（5）运行调试。

7.2.4 实验 4：简易记事本

1）实验目的

（1）掌握建立工具栏与状态栏的方法。

（2）掌握下拉式菜单、弹出式菜单、工具栏和状态栏的综合应用。

（3）掌握通用对话框的使用。

2）实验内容

建立如图 7-2-9 所示界面，实现一个简易笔记本的基本功能。要求“文件”菜单有“新建”、“打开”、“退出”三个命令，使用通用对话框实现其功能。“编辑”菜单中包括“复制”、“粘贴”、“全选”命令，使用 Windows Clipboard 对象实现其功能。在工具栏中添加“新建”和“打开”按钮，并实现其功能。建立图 7-2-9 所示状态栏并实现其功能。在丰富文本框中单击鼠标右键，弹出图 7-2-10 所示快捷菜单并实现其功能。

3）实验步骤

（1）选择“工程”菜单的“部件”命令，添加 Microsoft Common Dialog Control 6.0，Microsoft Rich Texbox Control 6.0，Microsoft Windows Common Controls 6.0。

（2）使用菜单编辑器创建如图 7-2-11 所示菜单。

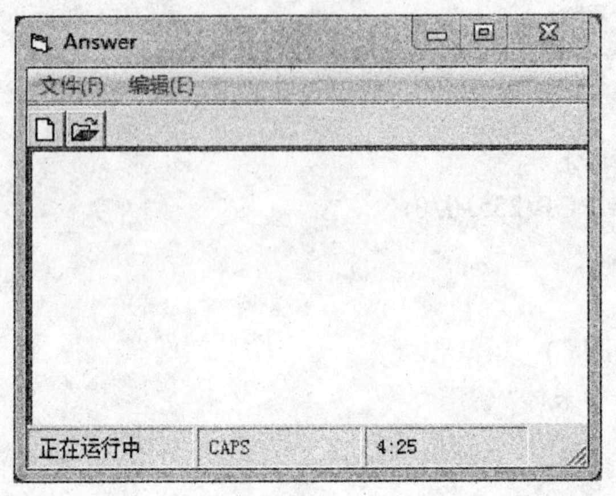

图 7-2-9 程序运行界面

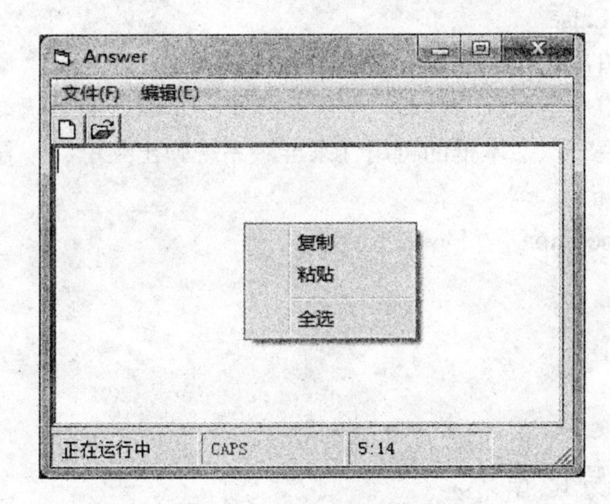

图 7-2-10 程序运行界面

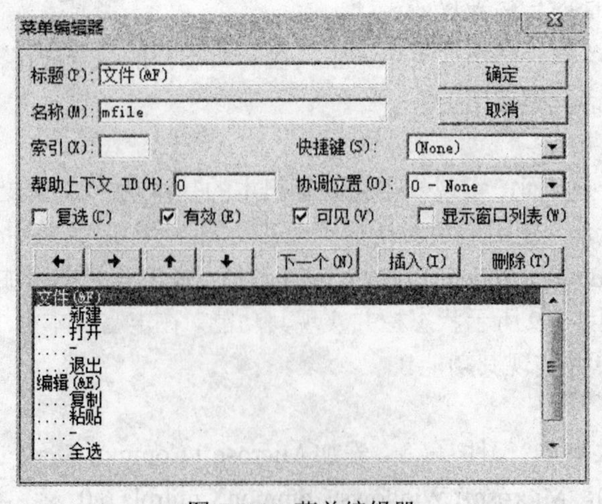

图 7-2-11 菜单编辑器

（3）在窗体上添加 CommonDialog。

（4）在窗体上绘制 RichTextBox。

（5）在窗体下方绘制 StatusBar 并单击鼠标右键设置其属性，如图 7-2-12 所示。插入 3 个窗格，第 1 个窗格的样式设置为 0-sbrText，第 2 个窗格的样式设置为 1-sbrCaps，第 3 个窗格的样式设置为 5-sbrTime。

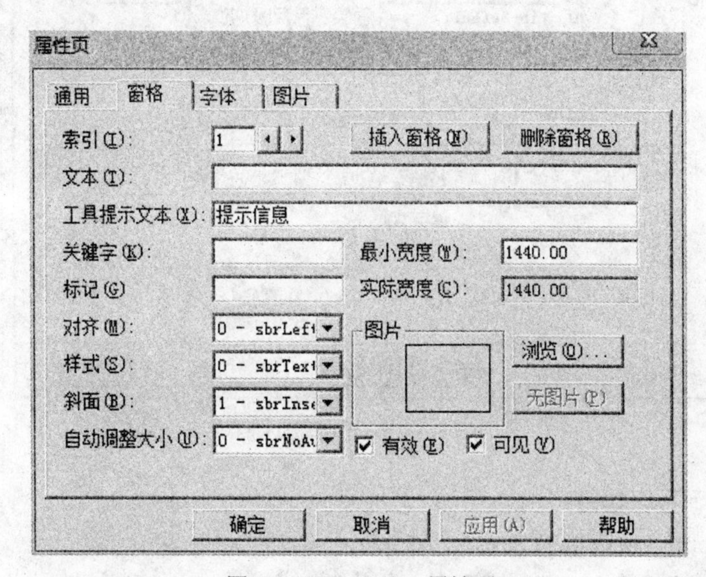

图 7-2-12 StatusBar 属性页

（6）在窗体上添加 ImageList 并载入准备好的图标文件，如图 7-2-13 所示。

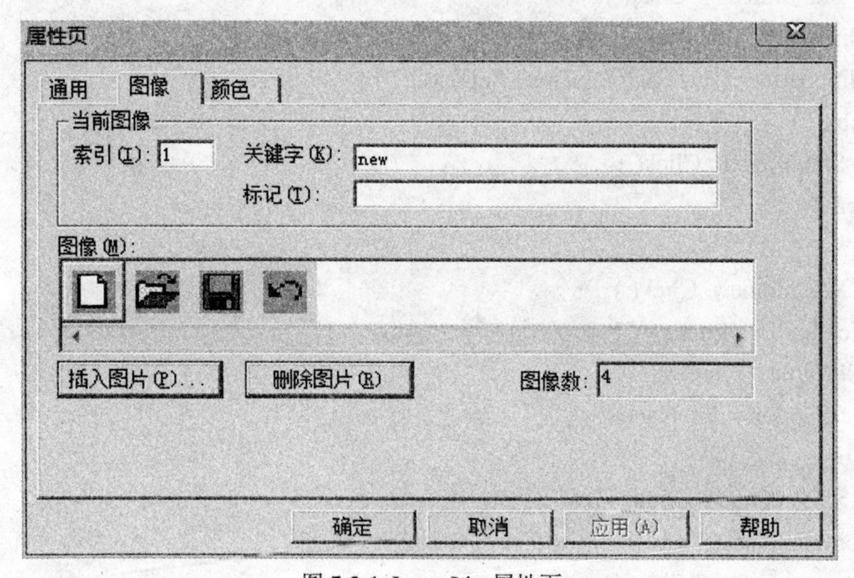

图 7-2-1 ImageList 属性页

（7）在窗体上绘制 ToolBar，并设置属性。将“通用”选项卡的图像列表属性设置为 ImageList1。在“按钮”选项卡下插入 2 个按钮，并设置其图像属性，如图 7-2-14 所示。

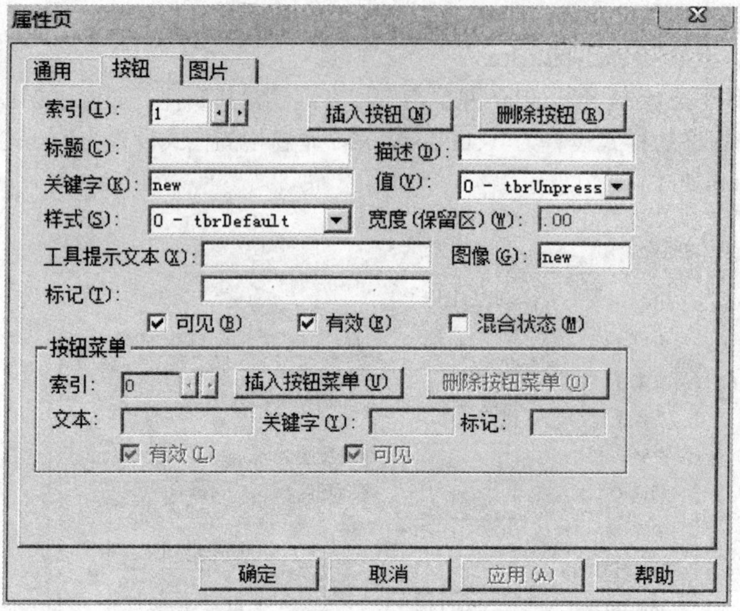

图 7-2-14 ToolBar 属性页

（8）添加如下程序代码：

```
Private Sub Form_Load( )
    StatusBar1.Panels.Item(1) = "正在运行中"
End Sub
Private Sub mmcopy_Click( )
    Clipboard.Clear
    Clipboard.SetText RichTextBox1.SelText
End Sub
Private Sub mmexit_Click( )
    End
End Sub
Private Sub mmnew_Click( )
    RichTextBox1.Text = ""
    FileName = "未命名"
    Me.Caption = FileName
End Sub
Private Sub mmopen_Click( )
    CommonDialog1.Filter = "text(*.txt)|*.txt|All|*.*"
    CommonDialog1.ShowOpen
    RichTextBox1.Text = ""
    FileName = CommonDialog1.FileName
    RichTextBox1.LoadFile FileName
```

```
    Me.Caption = "记事本：" & FileName
End Sub
Private Sub mmpaste_Click( )
    RichTextBox1.SelText = Clipboard.GetText
End Sub
Private Sub mmselectall_Click( )
    RichTextBox1.SelStart = 0
    RichTextBox1.SelLength = Len(RichTextBox1.Text)
End Sub
Private Sub Toolbar1_ButtonClick(ByVal Button As MSComctlLib.Button)
    On Error Resume Next
    Select Case Button.Key
    Case "new"
    mmnew_Click
    Case "open"
    mmopen_Click
    End Select
End Sub
Private Sub RichTextBox1_MouseDown(Button As Integer, Shift As Integer, X As Single, Y As
Single)
  If Button = 2 Then
    PopupMenu medit      '弹出名称为 mEdit 的菜单
  End If
End Sub
```

（9）保存工程。

（10）运行调试。

7.3 练习题

1）选择题

（1）如果要在菜单中添加一条分隔线，则应将其 Caption 属性设置为（ ）。

A．*　　B．-　　C．%　　D．#

（2）如果有一菜单项 MenuOpen，在运行时若要使该菜单项失效，下面语句中正确的是（ ）。

A．MenuOpen.Enabled = True　　B．MenuOpen.Enabled = False

C．MenuOpen.Visible = True　　D．MenuOpen.Visible = False

（3）有下面程序代码

```
Private Sub Text1_MouseDown（Button As Integer， Shift As Integer， X As Single， Y As Single）
If Button = 2 Then
```

```
PopupMenu mEdit
End If
End Sub
```

关于这段代码，下列叙述中正确的是（ ）。

A．单击鼠标左键时，弹出名为 mEdit 的菜单　　B．单击鼠标右键时，弹出名为 mEdit 的菜单

C．单击窗体的任意位置时，会弹出菜单　　D．参数 X、Y 指明文本框在窗体中的位置

（4）Visual Basic 工程包含多种类型的文件其中最常用的文件是：工程文件，窗体文件和标准模块文件，下列各项描述中（ ）是对标准模块文件的正确描述。

A．包含与该工程有关的全部文件、对象以及所设置的环境选项的信息

B．包含窗体及其控件有关属性的文本描述、常量或变量的声明，以及窗体内的过程代码等

C．通常用来定义供其他窗体或模块引用的全局常量、变量、过程等

D．包含无须重新编辑代码便可以改变的位图、字符串和其他数据

（5）以下叙述中错误的是（ ）。

A．在同一窗体的菜单项中，不允许出现标题相同的菜单项

B．在菜单的标题栏中，“&”所引导的字母指明了访问该菜单项的访问键

C．程序运行过程中，可以重新设置菜单的 Visible 属性

D．弹出式菜单也在菜单编辑器中定义

（6）下列不能打开菜单编辑器的操作是（ ）。

A．按 Ctrl＋E　　B．单击工具栏中的“菜单编辑器”按钮

C．执行“工具”菜单中的“菜单编辑器”命令　　D．按 Shift＋ Alt＋ M

（7）以下关于菜单的叙述中，错误的是（ ）。

A．在程序运行过程中可以增加或减少菜单项

B．如果把一个菜单项的 Enabled 属性设置为 False，则可删除该菜单项

C．弹出式菜单在菜单编辑器中设计

D．利用控件数组可以实现菜单的增加或减少

（8）以下叙述中错误的是（ ）。

A．下拉式菜单和弹出式菜单都用菜单编辑器建立

B．在多窗体程序中，每个窗体都可以建立自己的菜单系统

C．除分隔线外，所有菜单项都能接收 Click 事件

D．如果把一个菜单项的 Enabled 属性设置为 False，则该菜单项不可见

（9）设菜单中有一个菜单项为“Open”。若要为该菜单命令设计访问键，即按下 Alt 及字母 O 时，能够执行“Open”命令，则在菜单编辑器中设置“Open”命令的方式是（ ）。

A．把 Caption 属性设置为＆Open　　B．把 Caption 属性设置为 O＆pen

C．把 Name 属性设置为＆Open　　D．把 Name 属性设置为 O＆pen

（10）菜单控件能够响应的事件是（ ）。

A．Click 事件　　B．DoubleClick 事件　　C．MouseDown 事件　　D．MouseUp 事件

2）填空题

（1）菜单项控件只能触发______________事件。

（2）全局变量必须在____________模块中定义，所使用的语句为______________。

（3）为了把一个窗体定义为子窗体，必须把它的______________属性设置为 True。

（4）在菜单编辑器中建立了一个菜单，名为 Pmenu，用下面的语句可以把它作为弹出式菜单弹出，请填空。Form1.______ Pmenu

（5）如果要将某个菜单项设计为分隔线，则该菜单项的标题应设置为_____。

（6）在菜单编辑器中建立一个菜单，其主菜单项的名称为 mnuEdit，Visible 属性为 False，程序运行后，如果用鼠标右键单击窗体，则弹出与 mnuEdit 相应的菜单。以下是实现上述功能的程序，请填空。

```
Private Sub Form1_ ____________（Button As Inteqer，Shift As Integer，X As Single，Y As Single）
If Button=2 Then
__________ mnuEdit
End If
End Sub
```

（7）激活菜单项可以使用访问键，就是按______和菜单项中加下画线的字母。

（8）菜单项显示区位于菜单设计窗口的下部，用于________________的菜单项，并通过内缩符号（...）表明菜单项的层次。

（9）每个菜单项都有一个名字，把该名字和 Click 放在一起就组成了该菜单的___________事件过程。

（10）状态栏通常位于窗体的底部，主要用于显示________________状态信息。

第8章 文件管理

8.1 知识要点

8.1.1 文件的打开与关闭

在 Visual Basic 中，对文件的处理一般需要经历打开、操作、关闭三个步骤。

（1）打开/建立文件。

（2）操作文件。

（3）关闭文件。

1）使用 Open 语打开或建立文件

Open（文件名）[For 方式] [Access 存取类型] [锁定] As[#]文件号 [Len=记录长度]

说明：

① 文件名：包含路径（驱动器和文件夹）的文件名，是一个字符串。文件名有两种写法：一种是用字符串直接写出，如“C：\VB\A．dat”；另一种是先将字符串存入变量，如。c$=“C：\VB\A．dat”，再在＜文件名＞位置处填入 c。

② For 方式：指明文件的输入、输出方式，有如下形式：

Input：指定顺序输入方式。

Output：指定顺序输出方式。

Append：指定顺序输出方式。但是，与 Output 的不同之处在于，用该模式打开文件时，文件指针被定位在文件末尾。若对文件执行写操作，则写入的数据追加到原来文件数据的后面。

Random：指定随机存取方式，在没有指定方式的情况下，文件默认以该方式打开。若该模式下没有 Access 子句，则 Open 语句在执行时按下列顺序打开文件：读/写、读、只写。

Binary：指定二进制方式文件。若该模式下没有 Access 子句，则打开文件的类型与 Random 模式相同。

③ 存取类型：指定文件的访问方式。若要打开的文件已经由其他过程打开，则不允许指定访问类型，否则 Open 语句运行失败，并返回出错信息。文件的访问方式可以是下列类型之一：Read（只读）、Write（只写）或 Read Write（读写）。其中，Read Write（读写）类型只对随机文件、二进制文件，以及用 Append 方式打开的文件有效。

④ 锁定：在多用户或多进程环境下，该参数用来限制其他用户或进程对已经打开的文件进行读写操作。

⑤ 文件号：一个取值范围在 1～511 之间的整数（或整型表达式）。文件号和一个具体的文件相关联。其他语句或函数可以通过文件号与对应文件发生联系。

⑥ 记录长度：是一个小于等于 32767 字节的正整数（或整型表达式）。当访问随机文件

时，它指示文件的记录长度；当访问顺序文件时，它指示缓冲字符数；当访问二进制文件时，该子句被忽略。

⑦ 使用 Binary、Input 和 Random 模式时，可以不必关闭文件，而用不同的文件号打开相应文件；而在 Append 和 Output 模式下，必须先关闭文件，才能重新打开文件。

⑧ Open 语句兼有建立新文件和打开一个已存在文件的功能。若以 Input 模式打开一个文件，而该文件不存在时，则产生"文件未找到"的错误；若以 Output、Append、Random 模式打开一个文件，而该文件不存在时，则建立一个新文件。

2）使用 Close 语句关闭文件

Close〔[#」文件号〕〔，[#〕文件号〕

说明：

① 文件号：Close 语句后面跟的是要关闭的文件所对应的文件号，可以同时关闭一个或多个文件，文件号之间由逗号隔开。若省略 Close 后面的参数，则关闭所有由 Open 语句打开的文件。

② Close 语句将文件缓冲区中的内容写到文件中，并释放分配的文件号，以便给其他 Open 语句使用。

③ 程序在结束时将自动关闭所有打开的文件。

8.1.2 顺序文件的读写操作

1）顺序文件写操作

（1）Print 语句。

Print 语句的功能是将数据写入文件中。

Print 语句的一般格式为：

Print #文件号，[[spc（n）|Tab（n）][表达式列表][；|,]]

其中，"文件号"为 Open 语句中使用的文件号，其他参数的含义和 Print 方法是一样的。若省略可选项，即"Print #文件号"，则为写一个空行。

说明：

① Print #语句中的表达式之间可用分号或逗号隔开，分别对应紧凑格式和标准格式。

② Print #语句只是将数据送到缓冲区，并不保证将数据写入磁盘文件。只有出现下列情况之一才写盘：

- 关闭文件（Close）。
- 缓冲区已满。
- 缓冲区未满，但执行下一个 Print #语句。

（2）Write 语句。

Write 语句的功能是向顺序文件中输出数据。

Write 语句的一般格式为：

Write #文件号，[表达式列表]

说明：

① 通常用 Input #从文件读出 Write #写入的数据。

② 如果省略表达式列表，则输出空行，多个表达式之间可用空格、分号或逗号隔开。空格和分号等效。

③ 使用 Write 语句时，文件必须以 Output、Append 方式打开。

④ Write 语句和 Print 语句的主要区别是：用 Write 语句向文件写入的数据，在数据项之间自动插入逗号，若为字符串数据，则给字符串加上双引号。

2）顺序文件读操作

对顺序文件的读操作可以通过 Input #语句、Line Input #语句或 Input( )函数实现。

（1）Input #语句。

Input 语句的主要功能是从顺序文件中读取数据项，并把这些数据项赋给程序变量，遇到逗号，便认为是数据项的结束。

Input #语句的一般格式为：

Input #文件号，变量表

说明：

① 文件中数据项的类型应与 Input #语句中变量的类型匹配。

② 为了能够用 Input #语句将文件的数据正确读入到变量中，在将数据写入文件时，要使用 Write #语句，而不使用 Print #语句。使用 Write #语句可以确保将各个单独的数据域正确分隔开。

③ Input #语句也可用于随机文件。

（2）Line Input #语句。

Line Input #语句的功能是从已打开的顺序文件中读取一个完整的行，并把它赋给一个字符串变量。

Line Input #语句的一般格式为：

Line Input #文件号，字符串变量

说明：

① “字符串变量”是一个字符串简单变量名，也可以是一个字符串数组元素名，用来接收从顺序文件中读出的字符行。

② Line Input #语句一次从文件中读一行字符，直到它遇到回车（chr（13））或换行（chr（10））。当遇到回车换行时，则跳过，而不是将其附加到字符串上。

③ Line Input #语句与 Input #语句功能类似，不同点在于：Input #语句读取的是文中的数据项，Line Input #语句读取的是文件的一行。

④ Line Input #语句也可以用于随机文件。

（3）Input( )函数。

Input( )函数返回从指定文件中读出的 n 个字符的字符串。

Input( )函数的一般格式为：

Input（n，#文件号）

说明：

通常用 Print #或 Put 将 Input( )函数读出的数据写入文件。Input( )函数只用于以 Input 或 Binary 模式打开的文件。与 Input #语句不同，Input( )函数返回它所读出的所有字符，包括逗

号、回车符、空白列、换行符、引号和前导空格等。

8.1.3 随机文件的读写操作

1）随机文件的写操作

Put 语句的一般格式为：

Put #文件号，[记录号]，变量

说明：

通常用 Get 将 Put 写入的文件数据读出来。文件中的第一个记录或字节位于位置 1，第二个记录或字节位于位置 2，依此类推。如果省略记录号，则将上一个 Get 或 Put 语句之后的（或上一个 Seek 函数指出的）下一个记录或字节写入。所有用于分界的逗号都必须罗列出来。

2）随机文件的读操作

Get 语句的一般格式为：

Get #文件号，[记录号]，变量

说明：

通常用 Put 将 Get 读出的数据写入一个文件。文件中第一个记录或字节位于位置 1，第二个记录或字节位于位置 2，依此类推。若省略记录号，则会读出紧随上一个 Get 或 Put 语句之后的下一个记录或字节（或读出最近一个 Seek( )函数指出的记录或字节）。所有用于分界的逗号都必须罗列出来，例如：Get # 4,， FileBuffer

8.1.4 三个文件系统控件的联动控制

假设有缺省名为 Drivel、Dirl 和 File1 的驱动器列表框、目录列表框和文件列表框，则同步事件可能按如下顺序发生：

（1）用户选定 Drivel 列表框中的驱动器。

（2）生成 Drivel_Change 事件，更新 Drivel 的显示，以反映新驱动器。

（3）编写 Drivel_Change 事件过程，将新选定项目（Drivel.Drive 属性）赋予 Dirl 列表框的 Path 属性，代码如下：

```
Private Sub Drivel_Change( )
  Dirl.Path=Drivel.Drive
End Sub
```

（4）Path 属性的改变将触发 Dirl_Change 事件，并更新 Dirl 的显示，以反映新驱动器的当前目录。

（5）Dirl_Change 事件过程将新路径（Dirl.Path 属性）赋予 File 列表框的 File1.Path 属性，代码如下：

```
Private Sub Dirl_Change( )
  File1.Path=Dirl.Path
End Sub
```

（6）File1.Path 属性的改变将触发更新 File1 列表框中显示，以反映 Dirl 路径的变更。

8.2 实验

8.2.1 实验 1：笑话摘录

1）实验目的

（1）掌握顺序文件读、写操作的一般方法。

（2）掌握顺序文件读写操作的常用语句。

（3）掌握读写文件相关函数的用法。

2）实验内容

参照图 8-2-1 设计程序界面。点击菜单“读入”，程序从指定目录下读入顺序文件 in.txt"中的内容并显示在文本框中。单击“截取”按钮，则从文本框中第 48 个字符起，连续截取 29 个字符，显示在文本框中。点击“输出”选项，则将文本框的内容输出到文件 out.txt 中。

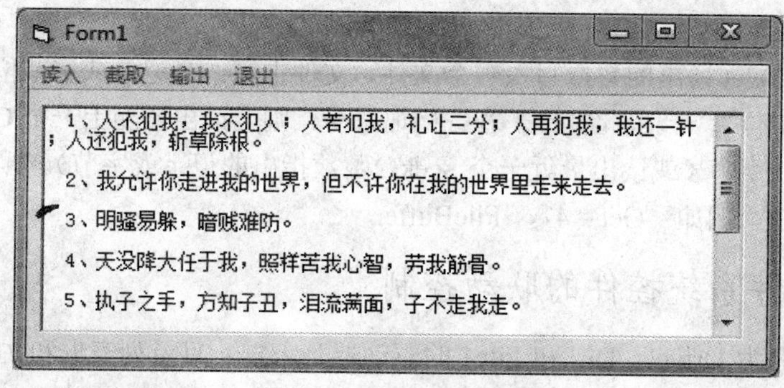

图 8-2-1 程序运行界面

3）实验步骤

（1）参考图 8-2-1 设计程序界面，绘制一个文本框，设置文本框的 MultiLine 属性为 true，ScrollBars 属性为 2。使用菜单编辑器建立菜单。

（2）添加如下代码：

```
Private Sub cut_Click( )
    Text1.Text = Mid(Text1.Text, 48, 29)
End Sub

Private Sub exit_Click( )
    End
End Sub

Private Sub get_Click( )
    Dim tmp1 As String, tmp2 As String
    Open "in.txt" For Input As #1
    tmp1 = ""
```

```
    Do Until EOF(1)
        Line Input #1, tmp2
        tmp1 = tmp1 & tmp2 & vbNewLine
    Loop
        Close #1
    Text1.Text = tmp1
End Sub

Private Sub output_Click( )
    Open "out.txt" For Output As #1
    Print #1, Text1.Text
    Close #1
End Sub
```

（3）保存工程。

（4）运行调试。

8.2.2 实验 2：矩阵读写

1）实验目的

掌握顺序文件的读写操作和技巧。

2）实验内容

设计一程序，当启动程序时随机生成 25 个两位整数并写入文件“data.txt”中。点击“读入数据”按钮，程序从文件“data.txt”中读出数据，并以 5 行 5 列的矩阵显示在窗体上，同时计算主对角线的和并显示结果，如图 8-2-2 所示。

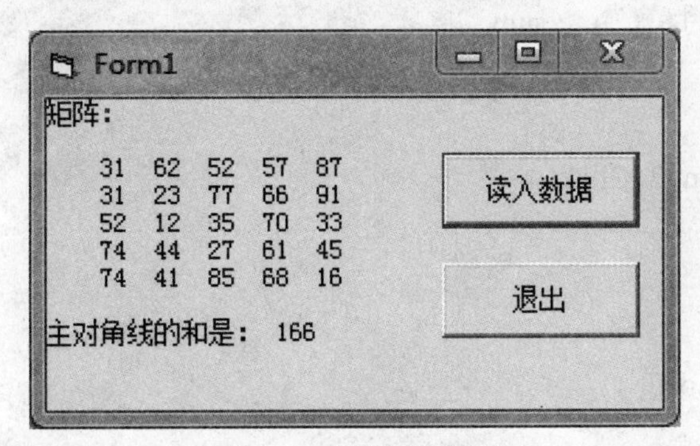

图 8-2-2 程序运行界面

3）实验步骤

（1）参考图 8-2-2 设计程序界面，绘制两个命令按钮。

（2）添加如下代码：

```
Option Base 1
```

```
Private Sub Command1_Click( )
    Dim a(5, 5)
    Dim sum%, i%, j%
    Open "data.txt" For Input As #1
    For i = 1 To 5
        For j = 1 To 5
            Input #1, a(i, j)
        Next j
    Next i
    Close #1
    Print "矩阵："
    Print
    For i = 1 To 5
        For j = 1 To 5
            Print Tab(4 * j); a(i, j);
        Next j
        Print
    Next i
    Print
    sum = 0
    For i = 1 To 5
        sum = sum + a(i, i)
    Next i
    Print "主对角线的和是："; sum
End Sub

Private Sub Command2_Click( )
    End
End Sub

Private Sub Form_Load( )
    Dim i%
    Randomize
    Open "data.txt" For Output As #1
    For i = 1 To 25
        Print #1, Int(90 * Rnd( ) + 10);
    Next i
    Print #1, vbCrLf
```

```
  Close #1
End Sub
```

（3）保存工程。

（4）运行调试。

8.2.3 实验 3：读取学生成绩记录

1）实验目的

（1）掌握自定义类型的使用。

（2）掌握读写随机文件的语句。

（3）掌握随机文件数据的处理。

2）实验内容

在指定目录下有记录学生成绩信息的随机文件 grade.txt，文件格式如图 8-2-3 所示。设计一程序从该文件中读取学生记录，如图 8-2-4 所示。

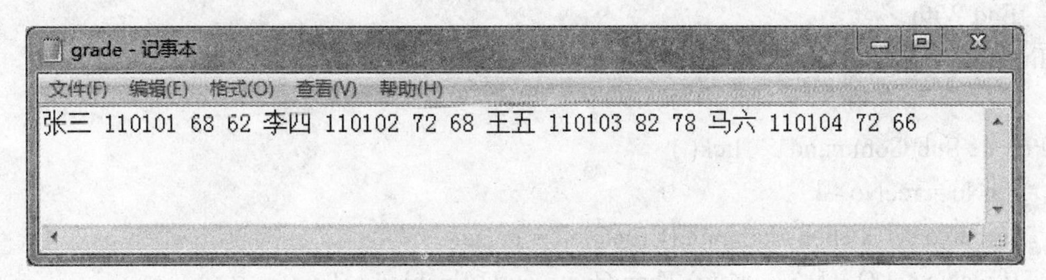

图 8-2-3 文件格式

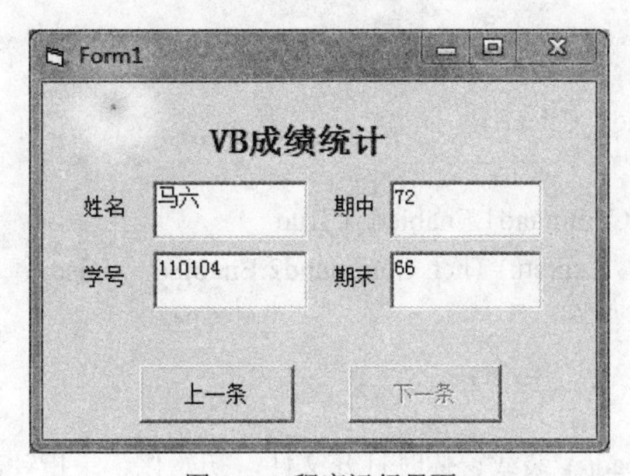

图 8-2-4 程序运行界面

3）实验步骤

（1）参照图 8-2-3 创建文本文件 grade.txt。

（2）参考图 8-2-4 设计程序界面，两个命令按钮，五个标签，四个文本框。

（3）添加如下代码：

```
Private Type student      '创建用户定义类型 student
  name As String * 5
```

```
    id As String * 7
    midterm As String * 3
    final As String * 3
End Type
Dim stu As student        '声明变量 stu 为 student 类型
Dim recNo As Integer      'recNo 变量作为记录指针使用
Private Sub getRecord( )  '过程 getRecord 从文件中读取一条记录
    Get #1, recNo, stu
    With stu
        Text1.Text = .name
        Text3.Text = .id
        Text2.Text = .midterm
        Text4.Text = .final
    End With
End Sub

Private Sub Command1_Click( )
    recNo = recNo - 1
    If recNo <= 1 Then Command1.Enabled = False
    If recNo < LOF(1) / Len(stu) Then Command2.Enabled = True
    Call getRecord
End Sub

Private Sub Command2_Click( )
    recNo = recNo + 1
    If recNo > 1 Then Command1.Enabled = True
    If recNo > LOF(1) / Len(stu) Then Command2.Enabled = False
    Call getRecord
End Sub

Private Sub Form_Load( ) '装载窗体时打开文件，初始化记录指针，并读入第一条记录
    Open "D:\VB\grade.txt" For Random As #1 Len = Len(stu)
    recNo = 0
    Command1.Enabled = False
    Call Command2_Click
End Sub
```

（4）保存工程。

（5）运行调试。

8.2.4 实验 4：文件浏览工具

1）实验目的

（1）掌握三个文件系统控件即驱动器列表框（DriveListBox）、目录列表框（DirListBox）、文件列表框（FileListBox）的功能和使用。

（2）掌握三个文件系统控件的联动控制方法。

2）实验内容

参照图 8-2-5，利用三个文件系统控件编写程序。要求实现驱动器列表框（DriveListBox）、目录列表框（DirListBox）和文件列表框（FileListBox）的联动使用。组合框中列出四种文件类型，即“*.*”、“bmp”、“exe”和“txt”,默认值是“*.*”。程序运行后当用户选定某文件后，在文本框中显示该文件名。

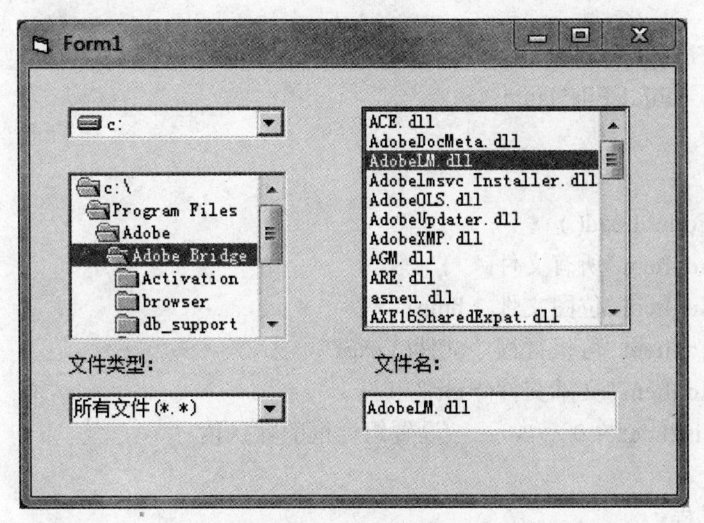

图 8-2-5 程序运行界面

3）实验步骤

（1）参考图 8-2-5 设计程序界面，在窗体上添加一个驱动器列表框、一个目录列表框、一个文件列表框、一个组合框、两个标签和一个文本框并设置相应属性。

（2）添加如下代码：

```
Private Sub Combo1_Click( )
  Select Case Combo1.Text
    Case "所有文件(*.*)"
      File1.Pattern = "*.*"
    Case "位图文件(*.bmp)"
      File1.Pattern = "*.bmp"
    Case "可执行程序文件(*.exe)"
      File1.Pattern = "*.exe"
    Case "文本文件(*.txt)"
```

```
        File1.Pattern = "*.txt"
    End Select
End Sub

Private Sub Dir1_Change( )
    File1.Path = Dir1.Path
End Sub

Private Sub Drive1_Change( )
    Dir1.Path = Drive1.Drive
End Sub

Private Sub File1_Click( )
    Text1.Text = File1.FileName
End Sub

Private Sub Form_Load( )
    Combo1.AddItem "所有文件(*.*)"
    Combo1.AddItem "位图文件(*.bmp)"
    Combo1.AddItem "可执行程序文件(*.exe)"
    Combo1.AddItem "文本文件(*.txt)"
    Combo1.ListIndex = 0                '设置组合框的默认值
End Sub
```

（3）保存工程。

（4）运行调试。

8.3 练习题

1）选择题

（1）以读文件方式打开顺序文件"hello.txt"的正确语句是（ ）。

A．Open " hello.txt " For Input As #1　　B．Open " hello.txt " For Read As #1

C．Open " hello.txt " For Output As #1　　D．Open " hello.txt " For Random As #1

（2）向随机文件中写数据，正确的语句是（ ）。

A．Put #1，，varTeacherRec　　B．Print #1，，varTeacherRec

C．Write #1，，varTeacherRec　　D．Get #1，，varTeacherRec

（3）下面访问模式不是VB6.0提供的访问模式是（ ）。

A．顺序访问模式　　B．随机访问模式　　C．动态访问模式　　D．二进制访问模式

（4）以随机访问方式将一条记录写入文件的语句是（ ）。

A．Get #文件号，记录号，变量名　　B．Put #文件号，记录号，变量名

C．Get #文件号，变量名，记录号　　D．Put #文件号，变量名，记录号

（5）下列叙述不正确的是（ ）。

A．驱动器列表框是一种能显示系统中所有有效磁盘驱动器的列表框

B．驱动器列表框的 Drive 属性只能在运行时被设置

C．从驱动器列表框中选择驱动器能自动变更系统当前的工作驱动器

D．要改变系统当前的工作驱动器需要使用 ChDrive 语句

（6）执行语句 Open " address.txt " For Random As #1 Len = Len（Ren）后，对文件 address.txt 能够执行的操作是（ ）。

A．只能读，不能写　　B．只能写，不能读　　C．能读能写　　D．不能读，不能写

（7）设有语句 Open " c：\Test.Dat " For Output As #l，以下叙述中错误的是（ ）。

A．该语句打开 C 盘根目录下一个已存在的文件 Test.Dat

B．若文件 Test.Dat 不存在，该语句在 C 盘根目录下建立一个名为 Test.Dat 的文件

C．该语句建立的文件的文件号为 1

D．执行该语句后，就可以通过 Print 语句向文件 Test.Dat 中写入信息

（8）以下能判断是否到达文件尾的函数是（ ）。

A．BOF　　B．LOC　　C．LOF　　D．EOF

（9）以下关于文件的叙述中，错误的是（ ）。

A．顺序文件中的记录一个接一个地顺序存放

B．随机文件中记录的长度是随机的

C．执行打开文件的命令后，自动生成一个文件指针

D．LOF 函数返回给文件分配的字节数

（10）要向文件 data.txt 添加数据，正确的文件打开命令是__________。

A. Open “data1.txt” For Output As #1　　B. Open “data1.txt” For Input as #1

C. Open “data1.txt” For Append as #1　　D. Open “data1.txt” For Write as #1

2）填空题

（1）Visual Basic 提供的对数据文件的三种访问方式为随机访问方式、____________和二进制访问方式。

（2）以下程序的功能是：把当前目录下的顺序文件 smtext1.txt 的内容读入内存，并在文本框 Text1 中显示出来，请填空。

```
Private Sub Command1_Click( )
Dim inData As String
Text1.Text = " "
Open " .\smtext1.txt " ____________________ As #1
Do While____________________
Input #l, inData
Textl.Text = Text1.Text & inData
Loop
Close #1
```

End Sub

（3）文件根据数据性质，可分为__________文件和__________文件。

（4）文件的打开和关闭语句分别是__________和__________。

（5）当用__________方式打开文件时，如果对文件进行写操作，则写入的数据附加到原来文件的后面。

（6）在窗体上画一个驱动器列表框、一个目录列表框和文件列表框，其名称分别为 Drive1、Dir1 和 File1。为了使它们同步操作，必须触发__________事件和__________事件，在这两个事件中执行的语句分别为__________和__________。

（7）下面程序的功能是在 C 盘当前文件夹下建立一个名为 StuData．txt 的顺序文件。要求用 InputBox 函数输入 32 名学生的学号（StuNo）、姓名（StuName）和英语成绩（StuEng），写入文件。阅读程序并补充完整。

```
Private Sub Form_Load( )
______________________________
For i=1 to 32
StuNo=InputBox（"请输入学号"）
StuName=InputBox（"请输入姓名"）
StuEng=InputBox（"请输入英语成绩"）
______________________________________
Next i
______________________________
End Sub
```

（8）假设随机文件的记录长度为 100，则第 10 个记录与该文件第 1 个记录的相对地址为__________。

（9）将已存在的文件、文件夹或目录进行重命名，可以用__________语句。

（10）为了管理计算机系统中的文件，Visual Basic 提供了__________、__________和__________三个控件。通过这三个控件可以方便地指定文件、目录和驱动器名，也可以方便地查看系统的磁盘、目录和文件等信息。

第 9 章 键盘与鼠标事件过程

9.1 知识要点

9.1.1 键盘的 KeyPress、KeyDown 和 KeyUp 事件

KeyPress 事件的基本语法格式如下：

Private Sub Object_KeyPress（KeyAscii As Integer）

其中，Object 是一个接收键盘事件的对象，例如，Text1_KeyPress。参数 KeyAscii 用来返回一个所按键的 ASCII 码值，例如，按下字母“a”，参数 KeyAscii 的值为 97；再如，按下字符“A”，参数 KeyAscii 的值为 65。另外，KeyAscii 参数通过引用传递，对它进行改变可以给对象发送一个不同的字符。将 KeyAscii 改变为 0 时可取消击键，这样对象便接收不到字符。

与 KeyPress 事件不同，KeyDown 和 KeyUp 事件是对键盘击键的最低级的响应，它报告了键盘本身的物理状态，而 KeyPress 并不反映键盘的直接状态。换言之，KeyDown 和 KeyUp 事件返回的是“键”，而 KeyPress 事件返回的是“字符”的 ASCII 码。

与 KeyPress 事件不同，KeyDown 和 KeyUp 事件可以识别标准键盘上的大多数键，如功能键、编辑键、定位键以及数字小键盘上的键等。

KeyDown 和 KeyUp 事件的语法结构分别为：

Private Sub 对象名称_KeyDown（KeyCode As Integer， Shift As Integer）

Private Sub 对象名称_KeyUp（KeyCode As Integer， Shift As Integer）

表 9-1-1 列出了部分字符的 KeyCode 和 KeyAscii。

表 9-1-1 KeyCode 和 KeyAscii

键（字符）	KeyCode	KeyAscii
A	65	65
a	65	97
B	66	66
b	66	98
5	53	53
%	53	37
1(大键盘上)	49	49
1（数字键盘上）	97	49

Shift 参数是在该事件发生时响应 Shift、Ctrl 和 Alt 键的状态的一个整数。Shift 参数是一

个位域，它用最少的位响应 Shift 键（第 0 位）、Ctrl 键（第 1 位）和 Alt 键（第 2 位）。这些位分别对应于值 1、2 和 4，即 Shift 键为 001、Ctrl 键为 010、Alt 键为 100。可通过对一些、所有或无位的设置来指明有一些、所有或零个键被按下。例如，如果 Ctrl 和 Alt 两个键都被按下，则 Shift 参数的值为这两个参数值之和，即 Shift 的值为 6（二进制表示为 110）。因此，Shift 参数共可取八种值（见表 9-1-2）。

表 9-1-2 Shift 参数的取值

二进制	十进制	代表键状态
000	0	没有按下转换键
001	1	按下 Shift 键
010	2	按下 Ctrl 键
011	3	按下 Shift+Ctrl 组合键
100	4	按下 Alt 键
101	5	按下 Shift+Alt 组合键
110	6	按下 Ctrl+Alt 组合键
111	7	按下 Shift+Ctrl+Alt 组合键

9.1.2 鼠标的 MouseDown、MouseUp 和 MouseMove 事件

MouseDown 和 MouseUp 事件的一般格式如下：

Private Sub 对象名称_MouseDown（Button As Integer，Shift As Integer，X As Single，Y As Single）

Private Sub 对象名称_MouseUp（Button As Integer，Shift As Integer，X As Single，Y As Single）

参数 Button 表示哪一个鼠标键按下或释放。Button 也是一个位域参数，一共占 3 位，由低到高分别表示鼠标左键（第 0 位）、右键（第 1 位）和中键（第 2 位）。每一位都有 0 和 1 两种取值，分别代表键的释放和键的按下。例如，同时按下鼠标左键和右键，则 Button 值为 3（二进制表示为 011）。Button 的二进制值，如表 9-1-3 所示。

表 9-1-3 Button 取值

二进制	十进制	代表键的含义
000	0	
001	1	按下左键
010	2	按下右键
011	3	按下左键和右键
100	4	按下中键
101	5	按下左键和中键
110	6	按下右键和中键
111	7	同时按下左键、右键和中键

参数 Shift 表示当鼠标按下或释放时 Shift、Ctrl 和 Alt 键的状态，其取值和含义都与前面的键盘事件相同。

参数 X 和 Y 用来表示当前鼠标指针的位置，即分别代表指针的横坐标和纵坐标。

MouseMove 事件的一般格式如下：

Private Sub 对象名称_MouseMove（Button As Integer，Shift As Integer， X As Single，Y As Single）其参数的含义与 MouseDown 和 MouseUp 的相同。

9.1.3 鼠标的光标形状

鼠标光标的形状可以通过 MousePointer 属性来设置，该属性可以在属性窗口中设置，也可以在程序代码中设置。

1）通过程序代码设置

在程序代码中设置 MousePointer 属性的一般格式为：

[对象.] MousePointer=设置值

其中，对象可以是复选框、组合框、命令按钮、标签、图片框等控件。若省略对象，则默认为当前窗体，例如，MousePointer=X，即为当前窗体（Form1）MousePointer 属性设置为 X 的值。

2）通过属性窗口设置

单击属性窗口的 MousePointer 属性条，然后单击设置框右端向下的箭头，将下拉显示 MousePointer 的 15 个属性值。单击某个属性，即可把该值设置为当前活动对象的属性。

9.2 实验

9.2.1 实验 1：字母大小写转换程序

1）实验目的

（1）掌握键盘事件 KeyPress 中参数的含义。

（2）掌握键盘事件 KeyPress 的使用方法。

2）实验内容

设计一个字符大小写转换程序，程序运行界面如图 9-2-1 所示。当在文本框 Text1 中输入大写字母，在文本框 Text2 中同时显示其小写字母；当在文本框 Text1 中输入小写字母，在文本框 Text2 中同时显示其大写字母；当输入其他字符，则在文本框 Text2 中原样输出。

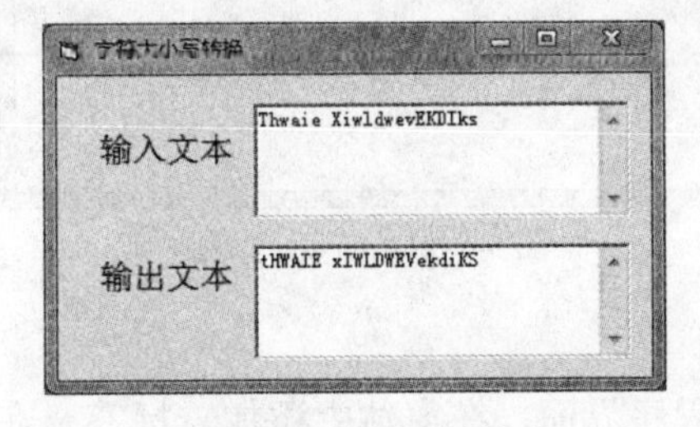

图 9-2-1 程序运行界面

3）实验步骤

（1）参考图 9-2-1 设计程序界面，添加两个标签和两个文本框，设置文本框的 MultiLine 属性为 True，ScrollBars 属性为 2。

（2）添加如下代码：

```
Private Sub Text1_KeyPress(KeyAscii As Integer)
  Dim st As String * 1
  st = Chr(KeyAscii)
  '小写字母与大写字母的 Ascii 码相差 32
  If st >= "a" And st <= "z" Then ' 如果是小写字母
    st = Chr(KeyAscii - 32)      ' 转换成大写字母
  ElseIf st >= "A" And st <= "Z" Then
    st = Chr(KeyAscii + 32)
  End If
  Text2.Text = Text2.Text & st
End Sub
```

（3）保存工程。

（4）运行调试。

9.2.2 实验 2：移动标签程序

1）实验目的

（1）掌握键盘事件 KeyDown 中参数的含义。

（2）掌握键盘事件 KeyDown 的使用方法。

2）实验内容

设计一个移动标签程序，程序运行界面如图 9-2-2 所示。要求程序运行后，按下光标键（上、下、左、右）标签按照相应方向移动。同时按下 Shift 键和 Alt 键，放大标签。同时按下 Shift 键和 Ctrl 键，缩小标签。

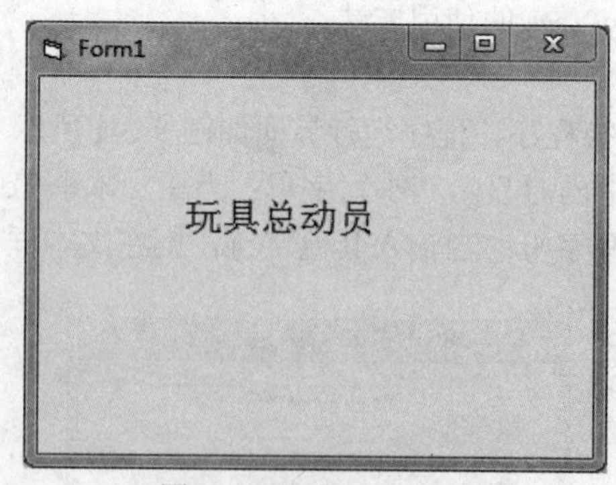

图 9-2-2 程序运行界面

3）实验步骤

（1）参考图 9-2-2 设计程序界面，在窗体中添加一标签。在放大标签的字体时，为了自动调整标签的大小以显示所有内容，设置标签的 AutoSize 属性为 True。

（2）添加如下代码：

```
Private Sub Form_KeyDown(KeyCode As Integer, Shift As Integer)
  Select Case KeyCode
  Case 37
    Label1.Left = Label1.Left - 50
  Case 38
    Label1.Top = Label1.Top - 50
  Case 39
    Label1.Left = Label1.Left + 50
  Case 40
    Label1.Top = Label1.Top + 50
  End Select
  If Shift = vbShiftMask + vbAltMask Then
    Label1.FontSize = Label1.FontSize * 1.2
  End If
  If Shift = vbShiftMask + vbCtrlMask Then
    Label1.FontSize = Label1.FontSize / 1.2
  End If
End Sub
```

（3）保存工程。

（4）运行调试。

9.2.3 实验 3：点菜登陆系统

1）实验目的

掌握键盘事件中参数的含义，掌握键盘事件的使用方法。

2）实验内容

设计一登陆程序，要求使用一个窗体，通过改变控件的 Visible 属性，实现两个界面，初始界面如图 9-2-3 所示，按下组合键 Ctrl+A，进入登陆界面，如图 9-2-4 所示。账号框中只能输入数字且不能为空，在密码框中输入密码按回车后进行检验， 如果输入账号是“123456”且密码为“abcdef”，则提示输入正确信息，否则提示输入错误信息。

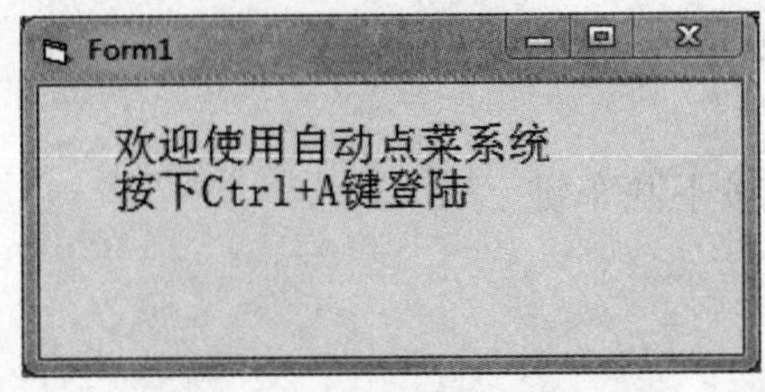

图 9-2-3 程序运行初始界面

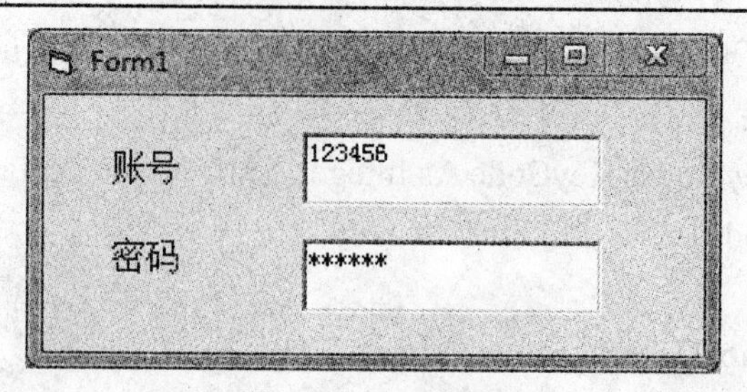

图 9-2-4 登录界面

3）实验步骤

（1）参考图 9-2-3、图 9-2-4 设计程序界面，在窗体中添加三个标签和两个文本框，设置相应属性。

（2）添加如下代码：

```
Private Sub Form_KeyDown(KeyCode As Integer, Shift As Integer)
  If KeyCode = 65 And Shift = vbCtrlMask Then  '按下组合键 Ctrl+A
     Label2.Visible = True
     Label3.Visible = True
     Text1.Visible = True
     Text2.Visible = True
     Label1.Visible = False
 End If

End Sub

Private Sub Form_Load( )
  Label2.Visible = False
  Label3.Visible = False
  Text1.Visible = False
  Text2.Visible = False
  Label1.Caption = "欢迎使用自动点菜系统" & Chr(13) + Chr(10) & "按下 Ctrl+A 键登陆"
  Text2.PasswordChar = "*"
End Sub

Private Sub Text1_KeyPress(keyascii As Integer)
  Dim k0%, k9%
  If keyascii = 13 Then  '按下回车键
     If Text1 <> "" Then
       Text2.SetFocus
     Else
       MsgBox "账号不能为空！"
```

```
    End If
  End If
  k0 = Asc("0")          '0 的 ASCII 码
  k9 = Asc("9")          '9 的 ASCII 码
  Select Case keyascii
    Case k0 To k9        '输入数字，则继续输入
    Case Else          '否则取消此次按键
      keyascii = 0
  End Select
End Sub

Private Sub Text2_keypress(keyascii As Integer)
  If keyascii = 13 Then
    If Text1 = "123456" And Text2 = "abcdef" Then
      MsgBox "进入点菜系统！", vbInformation, "登陆成功"
      End
    Else
      MsgBox "账号或密码不正确！", vbCritical, "登陆失败"
      Text1 = ""
      Text2 = ""
      Text1.SetFocus
    End If
  End If
End Sub
```

（3）保存工程。

（4）运行调试。

9.2.4 实验 4：图片移动程序

1）实验目的

（1）掌握鼠标事件 MouseDown 中参数的含义。

（2）掌握鼠标事件 MouseDown 的使用方法。

2）实验内容

参考图 9-2-5 设计一程序，要求使用 Move 方法移动窗体上的图片：窗体上按下左键，则图片框的左上角移到当前鼠标指针所在位置；按下右键，则图片框的中心移到当前鼠标指针所在位置。

3）实验步骤

（1）参考图 9-2-5 设计程序界面，添加一个图片框，并设置图片框的 Picture 属性。

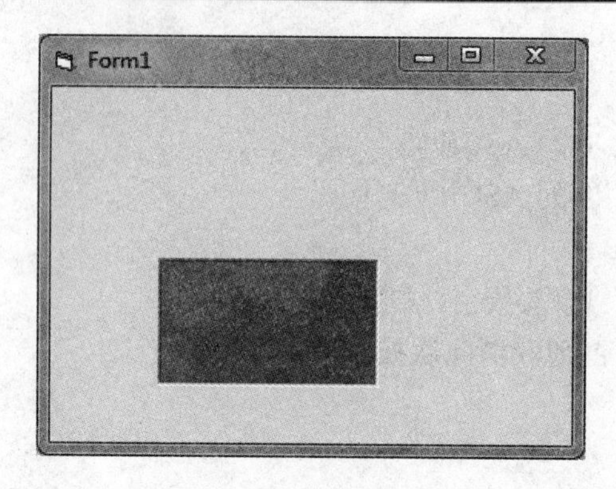

图 9-2-5 程序运行界面

（2）添加如下代码：

```
Private Sub Form_MouseDown(Button As Integer, Shift As Integer, X As Single, Y As Single)
  If Button = 1 Then    '按下左键
     Picture1.Move X, Y
  End If
  If Button = 2 Then    '按下右键
     Picture1.Move (X - Picture1.Width / 2), (Y - Picture1.Height / 2)
  End If
End Sub
```

（3）保存工程。

（4）运行调试。

9.2.5 实验 5：绘图程序

1）实验目的

（1）掌握鼠标事件 MouseMove 中参数的含义。

（2）掌握鼠标事件 MouseMove 的使用方法。

2）实验内容

设计一程序，要求按住鼠标左键可以在窗体上用细线绘图，按住鼠标右键可以在窗体上用粗线绘图。程序运行结果如图 9-2-6 所示。

图 9-2-6 程序运行界面

3）实验步骤

（1）添加如下代码：

```
Private Sub Form_MouseMove(Button As Integer, Shift As Integer, X As Single, Y As Single)
 If Button = 1 Then
     DrawWidth = 2
     PSet (X, Y)
   ElseIf Button = 2 Then
     DrawWidth = 8
     PSet (X, Y)
   End If
End Sub
```

（2）保存工程。

（3）运行调试。

9.2.6 实验 6：鼠标光标形状

1）实验目的

（1）掌握设置对象的 MousePointer 属性的值来改变鼠标的光标形状。

（2）掌握静态变量的使用方法。

2）实验内容

设计一程序，要求每单击一次窗体，改变一次鼠标的光标形状，显示完鼠标的 16 种光标形状后退出程序。

3）实验步骤

（1）添加如下代码：

```
Private Sub Form_Click( )
   Static i As Integer
   Cls
   If i = 16 Then End
   Print "当前鼠标的 MousePointer 属性值是："; i
   Form1.MousePointer = i
   i = i + 1
End Sub
```

（2）保存工程。

（3）运行调试。

9.3 练习题

1）选择题

（1）以下叙述中不正确的是（ ）。

A．在 KeyUp 和 KeyDown 事件过程中，从键盘输入的 A 和 a 被视作相同的字母（具有相同的 KeyCode）

B．在 KeyUp 和 KeyDown 事件过程中，将键盘上的“1”和右侧小键盘上的“1”视作不同的数字（具有不同的 KeyCode）

C．在 KeyPress 事件过程中不能识别键盘上的按下和释放

D．在 KeyPress 事件过程中不能识别回车键

（2）在窗体上画一个名称为 Text1 的文本框，然后编写如下事件过程：

```
Private Sub Text1_KeyPress（KeyAscii As Integer）
    Dim Str1 As String
    Str1 = Chr（KeyAscii）
    KeyAscii = Asc（UCase（Str1））
    Text1.Text = String（2， KeyAscii）
End Sub
```

程序运行后，从键盘上直接输入字母“b”，则在文本框中显示的内容是（ ）。

A．bb　　B．bbb　　C．BBB　　D．BB

（3）阅读程序：

```
Function func(X As Integer) As Integer
Dim g As Integer
If X < 20 Then
Y = X
Else
Y = 20 + X
End If
func = Y
End Function
Private Sub Form_MouseDown(Button As Integer, Shift As Integer, X As Single, Y As Single)
S = False
End Sub
Private Sub Form_MouseUp(Button As Integer, Shift As Integer, X As Single, Y As Single)
S = True
End Sub
Private Sub Command1_Click( )
Dim intNum As Integer
intNum = InputBox("please input a number")
If S Then
Print func(intNum)
End If
End Sub
```

程序运行后，单击命令按钮，将显示一个输入对话框，如果在输入对话框中输入 20，则程序的输出结果

为（ ）。

A．0　　B．20　　C．40　　D．无任何输出

（4）对窗体编写如下事件过程：

```
Private Sub Form_MouseDown（Button As Integer; Shift As Integer, X As Single, Y As Single）
  If Button=2 Then
    Print " AAAAA "
  End If
End Sub
Private Sub Form_MouseUp（Button As Integer, Shift As Integer, X As Single, Y As Single）
  Print " BBBBB "
End Sub
```

程序运行后，如果单击鼠标右键，则输出结果为（ ）。

A．AAAAA
BBBBB　　B．BBBBB
AAAAA　　C．AAAAA　　D．BBBBB

（5）Visual Basic 没有提供下列（ ）事件。

A．MouseDown　　B．MouseUp　　C．MouseMove　　D．MouseExit

（6）编写如下事件过程：

```
Private Sub Form_MouseDown（Button As Integer, Shift As Integer, X As Single, Y As Single）
  If Button=2 And Shift=6 Then
    Print " BBBBB "
  End If
End Sub
```

程序运行后，为了在窗体上输出 BBBBB，应执行的操作为（ ）。

A．同时按下 Shift 键和鼠标左键　　B．同时按下 Shift 键和鼠标右键

C．同时按下 Ctrl、Alt 键和鼠标左键　　D．同时按下 Ctrl、Alt 键和鼠标右键

（7）把窗体的 KeyPreview 属性设置为 True，然后编写如下过程：

```
Private Sub Form_KeyDown（KeyCode As Integer, Shift As Integer）
Print Chr（ KeyCode）
End Sub
Private Sub Form_KeyUp（KeyCode As Integer; Shift As Integer）
Print Chr（KeYCode+2）
End Sub
```

程序运行后，如果按“A”键，则输出结果为（ ）。

A．A
A　　B．A
B　　C．A
C　　D．A
D

（8）编写如下两个事件过程：

```
Private Sub Form_KeyDown（KeyCode As Integer, Shift As Integer）
  Print Chr（KeyCode）
```

```
End Sub
Private Sub Form_KeyPress（KeyAscii As Integer）
  Print Chr（KeyAscii）
End Sub
```

在一般情况下（即不按住 Shift 键和锁定大写），运行程序，如果按“A”键则程序的输出是（ ）。

A．A	B．a	C．A	D．a
A	A	A	a

（9）键盘不可以响应事件是（ ）。

A．KeyDown　B．KeyUp　C．KeyPress　D．DblClick

（10）松开鼠标，会产生该对象的（ ）事件。

A．MouseUp　B．MouseDown　C．MouseMove　D．MouseOver

2）填空题

（1）在窗体上画一个文本框和两个命令按钮，编写程序如下：

```
Private Sub Form_Load( )
    Text1.Text = " "
    Form1.KeyPreview = False
End Sub
Private Sub Command1_Click( )
    Form1.KeyPreview = Not KeyPreview
    Print
End Sub
Private Sub Command2_Click( )
    Text1.SetFocus
    Print
End Sub
Private Sub Form_KeyPress(KeyAscii As Integer)
    Print UCase(Chr(KeyAscii));
End Sub
Private Sub Text1_KeyPress(KeyAscii As Integer)
    Print Chr(KeyAscii);
KeyAscii = 0
End Sub
```

阅读上面程序，理解每个事件过程的操作，然后填空。

① 程序运行后，直接从键盘上输入 abcdef，程序的输出是________________。

② 程序运行后，单击命令按钮 1，然后从键盘上输入 abcdef，程序的输出是______________。

③ 程序运行后，单击两次命令按钮 1，再单击一次命令按钮 2，然后从键盘上输入 abcdef，程序的输出是________________________。

④ 程序运行后，单击一次命令按钮 1，再单击一次命令按钮 2，然后从键盘上输入 abcdef，程序的输出

是____________________________。

⑤ 程序运行后，单击两次命令按钮，然后从键盘上输入 abcdef，程序的输出是______________。

（2）把窗体的 KeyPreview 属性设置为 True，并编写如下两个事件过程：

```
Private Sub Form_KeyDown（KeyCode As Integer； Shift As Integer）
Print KeyCode;
End Sub
Private Sub Form_KeyPress（KeyAscii As Integer）
Print KeyAscii
End Sub
```

程序运行后，如果按下"A"键，则在窗体上输出的数值为______________和______________。

（3）在窗体上画两个文本框，其名称分别为 Text1 和 Text2，然后编写如下事件过程：

```
Private Sub Form_Load( )
Show
Text1.Text= "  "
Text2= "  "
Text2.SetFocus
End Sub
Private Sub Text2_KeyDown（KeyCode As Integer， Shift As Integer）
Text1.Text=Text1.Text+Chr（KeyCode-4）
End Sub
```

程序运行后，如果在 Text2 文本框中输入 efghi，则 Text1 文本框中的内容为______________。

（4）为了定义自己的鼠标光标形状，首先应该把____________属性设置为____________，然后把属性设置为____________一个图标文件。

（5）在键盘事件 KeyDown 和 KeyUp 事件过程中，当事件参数 Shift 的值为____________、____________、____________时，分别代表的是____________、____________、____________键。

（6）在 MouseDown 事件和 MouseUp 事件过程中，当参数 Button 的值为____________、____________、____________时，分别代表了鼠标的____________、____________、____________键。

（7）在执行 KeyPress 事件过程中，KeyAscii 是所按键的____________值。对于有上档字符和下档字符的键，当执行 KeyDown 事件过程时，KeyCode 是____________字符的____________值。

（8）通常情况下，键盘可以响应三种不同的键盘事件：____________、____________和____________事件。

（9）为了能对一个控件执行自动拖放操作，必须把它的____________属性设置为 1，此时该对象不再接收 Click 事件和 MouseDown 事件。

（10）当程序运行时，单击鼠标就会触发____________事件，双击鼠标就会触发____________事件。

第 10 章　多重窗体程序设计

10.1 知识要点

10.1.1 在工程中添加多个窗体

在一个工程中，可以有多个窗体，要添加一个窗体，有如下三种方法：

（1）单击工具栏上的【添加窗体】按钮。

（2）执行【工程】菜单中的【添加窗体】命令。

（3）右击“工程资源管理器”，在弹出的菜单中执行【添加】命令，然后在下一级菜单中执行【添加窗体】命令。

10.1.2 与多窗体程序设计有关的语句 Load 和 UnLoad 语句

1）要在应用程序中加载窗体，可使用 Load 语句

Load 语句一般格式为：

Load 窗体名称

Load 语句的功能是：把一个窗体装入内存，但不能显示出来，若要显示出来，则需用 Show 方法。此时，可以引用窗体中的控件及各种属性，但由于窗体没有显示出来，不能执行给窗体中的控件（如文本框）设置焦点等操作。“窗体名称”是窗体的 Name 属性。

2）在应用程序中，要卸载窗体，需使用 Unload 语句

Unload 语句一般格式为：

Unload 窗体名称

该语句与 Load 语句的功能相反，它消除内存中指定的窗体。

10.1.3 与多窗体程序设计有关的方法 Show 和 Hide 方法

1）在应用程序中，显示窗体要用 Show 方法

Show 方法一般格式为：

[窗体名称.] Show [模式]

Show 方法兼有装入和显示窗体两种功能。也就是说，在执行 Show 时，如果窗体不在内存中，则 Show 自动把窗体装入内存，然后再显示出来。

2）在应用程序中，要隐藏窗体，可使用 Hide 方法

Hide 方法一般格式为：

[窗体名称.] Hide

Hide 方法将使窗体隐藏，即不在屏幕上显示，但仍在内存中，因此，它与 Unload 语句的作用是不一样的。

图 10-1-1 和图 10-1-2 分别说明了在窗体加载和卸载过程中所用的语句、方法以及所触发的事件的先后顺序。

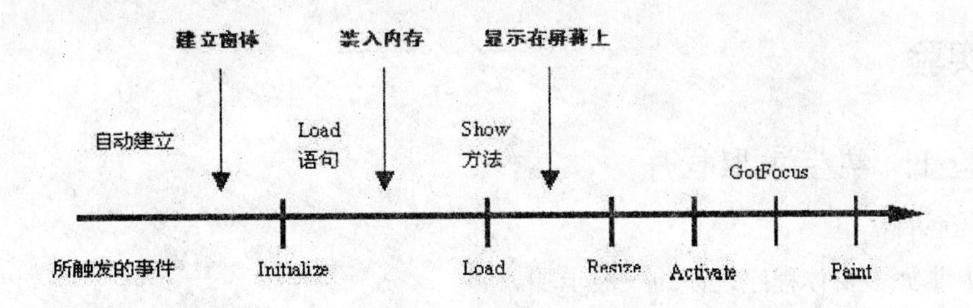

图 10-1-1 窗体的加载过程

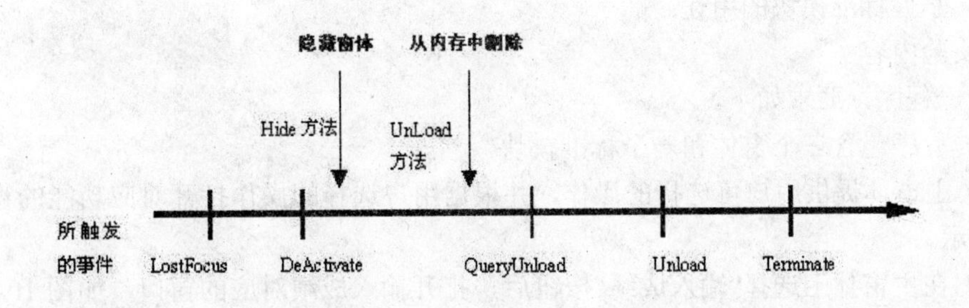

图 10-1-2 窗体的卸载过程

10.1.4 标准模块

标准模块也称全局模块或总模块，由全局变量声明、模块层声明及通用过程等几部分组成。其中，全局声明放在标准模块的首部，因为每个模块都可能要求具有唯一名字的自己的全局变量。全局变量声明总是在启动时执行。模块层声明包括在标准模块中使用的变量和常量。

当需要声明的全局变量或常量较多时，可以把全局声明放在一个单独的标准模块中。这样的标准模块只含有全局声明，而不含任何过程，因此，Visual Basic 解释程序不对它进行任何指令解释。这样的标准模块在所有基本指令开始之前进行处理。在标准模块中，全局变量用 Public 声明，模块层变量用 Dim 声明。

标准模块不属于任何窗体，但可以指定窗体的内容，可以在标准模块中建立新的窗体，然后在窗体模块中对窗体进行处理。

在大型应用程序中，主要操作在标准模块中执行，窗体模块用来实现与用户之间的通信。但在只使用一个窗体的应用程序中，全部操作通常用窗体模块就能实现。在这种情况下，标准模块不是必需的。

标准模块通过【工程菜单】中的【添加模块】命令来建立和打开。一个工程文件可以有多个标准模块，也可以把原有的标准模块加入工程中。当一个工程中含有多个标准模块时，各模块中的过程不能重名。当然，一个标准模块内的过程也不能重名。标准模块的扩展名为.bas。

在标准模块中，还可以包含一个特殊的过程，即 Sub Main 过程。

10.2 实验

实验 1：学生录取程序

1）实验目的

（1）掌握多窗体程序设计的一般步骤。

（2）掌握与多窗体程序设计相关语句和方法的使用。

（3）掌握标在工程中添加标准模块的方法。

（4）掌握标准模块的用途。

2）实验内容

设计一程序，要求如下。

（1）程序包含三个窗体和一个标准模块。

（2）主窗体提供用户可选择的操作，并根据用户选择的操作打开对应功能的窗体，如图 10-2-1 所示。

（3）在主窗体上选择“输入成绩”按钮后，打开输入成绩对应的窗口，如图 10-2-2 所示。用户输入成绩后，单击“返回”按钮返回主窗体，程序将输入的成绩保存在全局变量中。全局变量存放在标准模块中。

（4）在主窗体上选择“计算成绩”按钮，程序打开计算成绩的窗口，计算总成绩和平均成绩，如果总分大于 370 分则录取，否则不录取。将此评价是否录取的程序写成一过程并存放在标准模块中。程序将计算结果显示在窗体上。用户单击“返回”按钮返回主窗体。程序运行情况如图 10-2-3 所示。

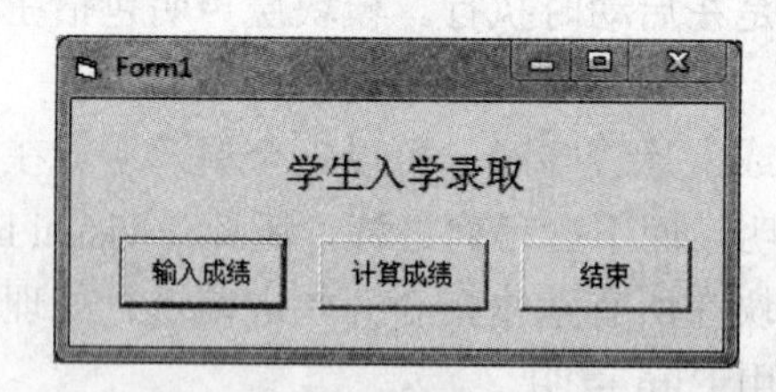

图 10-2-1 程序运行主窗体

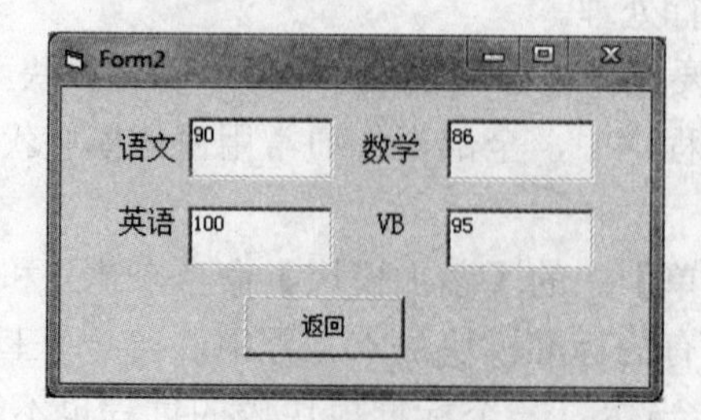

图 10-2-2 输入成绩窗体

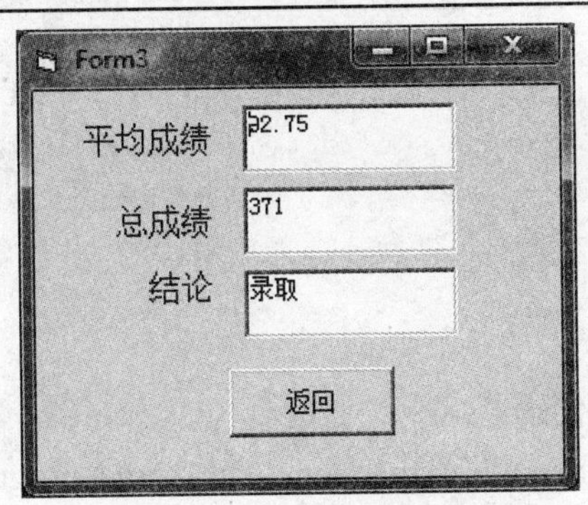

图 10-2-3 计算成绩窗体

3）实验步骤

（1）参照图 10-2-1 设计窗体 Form1。

（2）选择"工程"→"添加窗体"选项，分别添加 Form2 和 Form3，并参考图 10-2-2 和图 10-2-3 设计界面。

（3）选择"工程"→"工程属性"选项，设置启动对象为 Form1。（本题中缺省为第一个窗体 Form1）如图 10-2-4 所示。

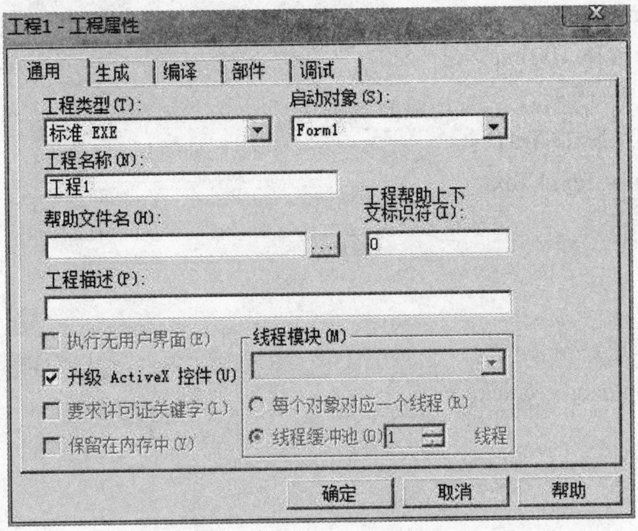

图 10-2-4 工程属性对话框

（4）添加主窗体程序代码：

```
Private Sub Command1_Click( )
   Form1.Hide
   Form2.Show
End Sub

Private Sub Command2_Click( )
   Form1.Hide
```

```
  Form3.Show
End Sub

Private Sub Command3_Click( )
  End
End Sub
```

（5）添加标准模块程序代码：

```
Public gradechinese%, grademath%, gradeenglish%, gradeprogram%
Public Function admin(grade As Integer) As Boolean
  If grade >= 370 Then
    admin = True
  Else
    admin = False
  End If
End Function
```

（6）添加输入成绩窗体代码：

```
Private Sub Command1_Click( )
  gradechinese = Text1.Text
  grademath = Text2.Text
  gradeenglish = Text3.Text
  gradeprogram = Text4.Text
  Form2.Hide
  Form1.Show
End Sub
```

（7）添加计算成绩窗体代码：

```
Private Sub Command1_Click( )
  Form3.Hide
  Form1.Show
End Sub

Private Sub Form_load( )
  Dim total As Integer
  total = gradechinese + gradeenglish + grademath + gradeprogram
  Text1.Text = total / 4
  Text2.Text = total
  If admin(total) Then
    Text3.Text = "录取"
  Else
```

```
    Text3.Text = "不录取"
  End If
End Sub
```

10.3 练习题

1）选择题

（1）下列操作中不能向工程中添加窗体的命令是（ ）。

A．执行【工程】菜单中的【添加菜单】命令

B．单击工具栏上的"添加窗体"按钮

C．右击窗体，在弹出的菜单中执行【添加窗体】命令

D．右击"工程资源管理器"，在弹出的菜单中执行【添加】命令，然后在下一级菜单中选【添加窗体】命令

（2）当一个工程含有多个窗体时，其中的启动窗体是（ ）。

A．启动 Visual Basic 时建立的窗体　　B．第一个添加的窗体

C．最后一个添加的窗体　　D．在"工程属性"对话框中指定的窗体

（3）以下叙述中错误的是（ ）。

A．一个工程只能有一个 Sub Main 过程

B．窗体的 show 方法的作用是将指定的窗体装入内存并显示窗体

C．窗体的 Hide 方法和 Unload 方法的作用完全相同

D．若工程文件中有多个窗体，可以根据需要指定一个窗体为启动窗体

（4）为了保存一个 Visual Basic 应用程序，应当（ ）。

A．只保存窗体文件（.frm.）　　B．只保存工程文件（.Vbp）

C．分别保存工程文件和标准模块文件（.bas）　　D．分别保存工程文件、窗体文件和标准模块文件

（5）以下叙述中错误的是（ ）。

A．一个工程文件可以包含多个窗体文件

B．在一个窗体文件中用 Private 定义的通用过程能被其他窗体调用

C．在设计 Visual Basic 应用程序时，窗体、标准模块、类模块等需要分别保存为不同类型的磁盘文件

D．全局变量必须在标准模块中定义

2）填空题

（1）Visual Basic 应用程序主要由__________、__________和__________三种模块组成。

（2）为了显示一个窗体，所使用的方法是__________；而为了隐藏一个窗体，所使用的方法是__________；清除一个窗体上的内容，使用方法__________。

（3）全局变量通常在__________模块中定义，所使用的关键字是__________。

（4）DoEvents 语句的作用是__________。

（5）启动窗体在__________对话框中指定，为了打开该对话框，应该执行__________菜单中的__________命令。

参考答案与提示

第 1 章 Visual Basic 6.0 概述

1）选择题

（1）C　Visual Basic 采用事件驱动的编程机制，因此，Visual Basic 应用程序的工作方式主要通过事件驱动来实现。

（2）C　VB 程序运行后，如果是多窗体结构，在内存中可以驻留多个窗体。

（3）B　Visual Basic 应用程序主窗口（或设计窗口），包括标题栏、菜单栏、工具栏。

（4）B　文本框的 Enabled 属性决定文本框是否“可用”，当该属性为“True”时，文本框可以接受键盘输入并能显示信息，当该属性为“False”时，文本框可以显示信息，但不能接受键盘输入。

（5）C　标题 Caption 属性表示窗体标题栏上的文本内容。名称 Name 属性是只读属性，在代码中用来代表窗体。不要将窗体名称 Name（只读属性）与窗体标题 Caption 混淆。窗体名称是在代码中用来代表窗体的，而窗体标题是出现在窗体标题栏中的文本内容。

（6）C　窗体和控件是 Visual Basic 中基本的预定义对象。

（7）D　可以使用 F4 键来激活属性窗体。

（8）D 左边位置（坐标）Left 和上边位置（坐标）Top 是描述窗体位置和大小的属性。Width 和 Height 分别是描述窗体宽和高的属性。取值都是数值。

（9）B

（10）C 可以通过设定窗体的 Left 属性来调整窗体的左右位置，通过设定窗体的 Top 属性来调整窗体的上下位置。

（11）B Visual Basic 应用程序的每种模块均用一定类型的文件保存，通过扩展名来区分。窗体文件的扩展名为.frm，标准模块文件的扩展名为.bas，类模块文件的扩展名为.cls，这三类文件都属于工程文件，其扩展名为.vbp。除上面四种文件类型外，还有其他一些文件类型，例如，工程组文件（.vbg）、资源文件（.res）等。

一般情况下，先分别保存窗体文件、标准模块文件和类模块文件，然后保存工程文件。但是，也可以不必严格按照“先模块、后工程”的步骤保存文件，而是直接执行【文件】【工程另存为...】命令，此时，如果是第一次保存文件，或者建立了新的窗体或标准模块文件，则显示【工程另存为】对话框，在该对话框中输入窗体文件名或标准模块文件名，输入后单击【保存】按钮。如果还有其他窗体文件或标准模块文件需要保存，则重复上述过程。保存完所有的窗体文件和标准模块文件后，显示【工程另存为】对话框，在该对话框中输入工程文件名，然后单击【保存】按钮或接回车键即可。

（12）C

（13）C Visual Basic 应用程序可以在下面两种模式下运行：一种是解释运行模式；另一种是编译运行模式。

解释运行模式（在 Visual Basic 开发环境中运行）执行【运行】|【启动】命令即可进入解释运行模式。当用解释运行模式执行一个 Visual Basic 应用程序时，将关闭用于生成应用程序的窗体设计器窗口和工程管

理器窗口，接着显示应用程序中定义的第一个窗体，然后解释程序，逐行运行应用程序，同时打开立即窗口。在解释运行中，解释器每读完一行代码，就将其转换为机器代码，然后执行这些命令。机器代码是微处理器能识别的数字序列。在解释运行模式下，微处理器指令不被保存，执行一行代码后，如果需要再次执行，则必须重新解释一次。解释运行的好处是：在修改程序后，不必编译就可以立即执行，但是，由于每次执行前必须对每条语句进行解释，因而运行速度较慢。

编译运行模式（生成可执行文件.exe）。执行【文件】|【生成.exe 文件】命令，生成.exe 可执行文件。然后，直接找到并执行该可执行文件，即可实现不依赖于 Visual Basic 开发环境的编译运行模式。严格地说，编译运行模式是应用程序的一种运行模式，而不是 Visual Basic 的模式。在编译一个程序时，Visual Basic 读取程序中的每个语句，对这些语句进行解释，并将其转换成微处理器指令，然后把这些指令保存在可执行文件（.exe）中。由于程序中的所有语句都已被解释并转换为微处理器指令，因此在执行程序时就不必解释一句执行一句了，运行速度也相应地提高了。

（14）A

（15）B

（16）A

（17）B　注释语句（Rem 语句）的使用格式为：

Rem 注释的内容 或 ′ 注释的内容。

注释语句主要用于提高程序的可读性，是非执行语句，程序执行时，不被解释和编译，可以用单独一个语句行表示。注释语句一般位于“过程”、“模块”的开头或语句行的后面（放在语句行的后面时，只能用“′ 注释的内容”这种形式表达），但不能放在续行符的后面。

（18）B　在 Visual Basic 中将一行语句写成多行时使用续行符“ _”（一个空格紧跟一条下划线）将长语句分成多行。例如

```
strTemp = "问君归期未有期，" & _
          "巴山夜雨涨秋池，" & _
          "何当共剪西窗烛，" & _
          "却话巴山夜雨时，"
```

在同一行内，续行符后面不能加注释。

将一行中写下多条语句，可以使用“：”作为分隔符号。例如 Form1.width=300:temp=Form1.width:Form1.Caption=“你好”

（19）B　应用程序由窗体文件、标准模块文件、类模块文件和工程文件组成，它们都有自己的文件名，必须分别保存到磁盘文件中（其保存的位置由盘符、路径和文件名三要素确定）。然而，只要装入工程文件，就可以自动地把与该工程有关的其他三类文件（窗体文件、标准模块文件和类模块文件）装入内存。因此，所谓装入程序，实际上就是装入工程文件。通过执行【文件】【打开工程】命令可以装入指定位置的工程文件。

（20）B　边框类型 BorderStyle 是描述窗体外观的属性，是只读属性，取值：0—None，无边框；1—FixedSingle，固定单边框且大小只能用最大化和最小化按钮改变；2－Sizable，默认有双线边界的可改变大小的边框；3 一 FixedDialog，按设计时的大小固定边框且没有最大化和最小化按钮；4－Fixed ToolWindow，固定工具窗口、大小不能改变且只显示关闭按钮并用缩小的字体显示标题栏；5 一 Sizable ToolWindow，可改变大小且只显示关闭按钮并用缩小的字体显示标题栏。

2）填空题

（1）按字母序；按分类序。

（2）多文档界面或 MDI；单文档界面或 SDI。

集成式开发环境有两种类型的界面，即：①多文档界面 MDI（默认的界面种类）；②单文档界面 SDI（可执行【工具】|【选项...】|【高级】命令进行界面种类转换和其他设置）。

（3）Alt＋Q

（4）共有 13 个主菜单项。分别为【文件】、【编辑】、【视图】、【工程】、【格式】、【调试】、【运行】、【查询】、【图表】、【工具】、【外接程序】、【窗口】、【帮助】。

（5）.vbp；.frm；.bas

（6）对象框；属性显示方式；属性列表；属性解释。

（7）固定；浮动。

（8）标准控件（或内部控件）；ActiveX 控件；可插入对象。

Visual Basic 控件的类别包括如下三类：

一是标准控件（内部控件）：启动 Visual Basic 后，在工具箱中列出的所有控件（共 21 个），既不能添加，也不能删除。主要有指针（Pointer）、图片框（PictureBox）、标签（Label）、文本框（TextBox）、框架（Frame）、命令按钮（CommandButton）、复选框（CheckBox）、单选按钮（OptionButton）、组合框（ComboBox）、列表框（ListBox）、水平滚动条（HScrollBar）、垂直滚动条（VScrollBar）、计时器（Timer）、驱动器列表框（DriveListBox）、目录列表框（DirListBox）、文件列表框（FileListBox）、形状控件（Shape）、直线控件（Line）、图像控件（Image）、数据控件（Data）、OLE 控件（OLE）。

二是 ActiveX 控件：是扩展名为 OCX 的独立文件，是 Visual Basic 内部控件的扩充，其中包括各种版本的 Visual Basic 提供的控件，另外还包括第三方开发商提供的 ActiveX 控件。使用时须添加到工具箱。

三是可插入对象：能添加到工具箱中作为控件使用的对象，主要是由其他应用程序创建的不同格式的数据，通常指 OLE 对象，如 Word、Excel 等。

（9）Shift 或 Ctrl

（10）T1.Text="How are you！"或 T1="How are you！"

（11）对象；过程。

（12）What is your name?

窗体标题是出现在窗体标题栏的文本内容。窗体标题默认与窗体名称相同（Form1），标题也可以自定义，只要是字符串即可，不受其他约束。本例中窗体的名称 Forml 或 Me 或缺省都代表当前激活窗体。后执行的语句覆盖了前面语句对标题设置的内容。

（13）Hello；Visual Basic。

执行 T1.Text="Visual Basic"语句后，文本框 T1 中的内容为 Visual Basic。执行 T2.Text= T1.Text 语句后，文本框 T2 中的内容为 Visual Basic。执行 T1.Text="Hello"语句后，文本框 T1 中的内容为 Hello。

（14）建立可视用户界面；设置对象属性；编写代码。

使用 Visual Basic 语言设计开发简单应用程序时，一般主要包括三大步骤，详细涉及十个具体步骤。

（15）属性窗口；运行。

第 2 章 Visual Basic 程序设计基础

1）选择题

（1）A　在 Visual Basic 语言中一个表达式可能含有多种运算，计算机按一定顺序对表达式进行求值。一般顺序如下：

首先，进行函数运算。

其次，进行算术运算，其次序为：幂(^)→取负(-)→乘和浮点除(*、/)→整除(\)→取模(Mod)→加减(+、-)→连接(&)。

然后，进行关系运算(=、>、<、<>、<=、>=)。

最后，进行逻辑运算，其次序为：Not→And→Or→Xor→Eqv→imp。

（2）D　Sgn（x）是符号函数，取 x 的符号，其值如下：

当 x＜0 时，Sgn（x）=-1；当 x＞0 时，Sgn（x）=1; 当 x=0 时，Sgn（x）=0。

（3）B 字符是一种非数值性数据，它本身没有大小的概念。Visual Basic 中的字符是采用国际上通用的 ASCII 字符集。在计算机内部，每一个字符都是由一个字节的二进制代码表示。从 ASCII 字符表中可以看出：空格字符的代码最小；数字字符的代码小于字母字符的代码；在数字字符中，字符“0”的代码最小，字符“9”的代码最大，与数值的规律一致；在字母字符中，大写字母的代码小于小写字母的代码，字母代码的大小按字母顺序递增。所以，Visual Basic 系统规定：用字符对应的 ASCII 码值来表示字符的大小。例如，“0”字符的代码是 48，“l”字符的代码是 49，所以，“1”字符大于“0”字符；“A”字符的代码是 65，“a”字符的代码是 97，所以，“a”字符大于“A”字符。因此，对字符的比较，在计算机内部就是对它们的 ASCII 码值的比较。字符串的比较运算符借助六个关系运算符。

在 Visual Basic 中，不仅字符可以比较大小，而且字符串也可以比较大小，比较两个字符串的大小有四种情况：

第一种，从左至右，对两个字符串中相对应的字符逐个比较，如果两个字符串中的字符一一对应，完全相同，则称两个字符串相等；否则，如果遇到第一个不同的字符时，则比较这两个字符的大小，并作为整个字符串比较的结果，后面的字符不再比较。例如，“END”=“END”的结果为真（True）；“ABCDE”＞“ABDE”的结果为假（False）。

第二种，对两个字符串进行比较时，如果短字符串的每一个字符都与长字符串前面的相同，则字符串长的为大。例如，“BOOK”＜“BOOKS”的结果为真（True）。

第三种，对字符串中的空格进行比较，其代码值最小。例如，“ABC”＞“A BC”的结果为真回（True）。

第四种，对字符串进行比较，还可以使用逻辑运算符。例如，A$ ＞ B$ AND A$ ＞C$。

（4）B Int（x）是求不超过 x 的最大整数，例如：Int（3．14）、Int（3．74）、Int（-3．5）其结果分别为：3、3、-4。

Fix（x）是截取 x 的整数值函数，不论 x 是正数还是负数，均截去小数，仅保留整数。例如：Fix（6.7）、Fix（6.3）、Fix（-12.3）其结果分别为：6、6、-12。

（5）B　算术运算符运算优先次序为：幂(^)→取负(-)→乘和浮点除(*、/)→整除(\)→取模(Mod)→加减(+、-)→连接(&)

（6）A　给变量命名时应遵循以下规则：

① 名字只能由字母、汉字、数字和下画线组成。

② 名字的第一个字符必须是英文字母或汉字，最后一个字符可以是类型说明符。

③ 名字的有效长度不超过 255 个字符。其中，窗体、控件和模块的标识符长度不能超过 40 个字符。

④ 不能用 Visual Basic 的关键字作变量名，但可以把关键字嵌入变量名中；同时变量名也不能是末尾带有类型说明符的关键字。

（7）C　在 Visual Basic 语言中一个表达式可能含有多种运算，计算机按一定顺序对表达式进行求值。一般顺序如下：

首先，进行函数运算。

其次，进行算术运算，其次序为：幂(^)→取负(-)→乘和浮点除(*、/)→整除(\)→取模(Mod)→加减(+、-)→连接(&)。

然后，进行关系运算(=、>、<、<>、<=、>=)。

最后，进行逻辑运算，其次序为：Not→And→Or→Xor→Eqv→imp。

本题中等价于 False AND True OR False。

（8）D　变体型数据是一种可变的数据类型，可以存任何类型的数据。变体型数据实际上包含两部分信息：一部分表示任何数据类型的值；另一部分表示该值类型（比如货币类型或字符类型）的代码。但是，在每一个具体时刻，变体类型的数据类型都是确定的（或为整型，或为长整型、字符型、单精度型……），即在任何时刻，它都只表示某一种数据。也就是说，变体类型在同一时刻不可能既是整数类型，又是字符串类型，或是其他类型的数据。

变体类型是 Visual Basic 中默认的数据类型。

（9）C　日期类型数是浮点数，占 8 字节。表示的日期范围从公元 100 年 1 月 1 日~9999 年 12 月 31 日；表示的时间范围是 00：00：00～23：59：59。任何可辨认的文本日期都可以赋值给日期型变量。表示日期型的字符必须用“#”号括起来，例如，#January l，2009#，#9/30/2009#。

（10）D　Double 的类型符号是“#”。

（11）D　符号常量是用标识符来表示的常量。符号常量必须先定义，后使用。定义的格式为：

[Public|Private] Const＜常量名＞[类型后缀]=＜表达式＞[，＜常量名＞[类型后缀]=＜表达式＞]

（12）A　Len（s）是测字符串的长，即测量字符串中字符的个数。另外，该函数还可以测量变量在内存中的字节数。例如：Len（" ABCDE "），Len（" 1234 "），Len（A%）其结果分别为：5、4、2。

（13）A Left（s，n）是取 s 左边连续 n 个字符。若 n=0，则为空串；若 n>=Len（s），则为整个字符串。例如：Left（" abcdef "，3），Left（" abcdef "，6），其结果分别是 abc 和 abcdef。

（14）D D 表示十进制，小数点右移 19 位。

（15）B

（16）B Mid（s，n1，n2）是从 s 的第 n1 个字符开始连续取 n2 个字符。若 n1=0 或 n2＞Len（s），则为空串；若省略 n2，则从 s 的第 n1 个字符开始取自字符串的末尾。

（17）C

（18）C　Format 函数使用方法为，Format（x，y），x 是表达式，y 是一对用双引号括起来的格式字符串。该函数的功能是：按指定的格式输出表达式的内容。当格式为一个数字时，0 的个数多于实际位数时，左端补 0。

（19）C　String（n，s）函数有两种格式：

① String（n1，n2）：产生含 n1 个以 n2 为对应 ASCII 码字符串。

② String（n，s）：产生含 n 个以 s 的首字符为字符的字符串。例如：

String（5，65），String（5，" abc "）的结果分别为为：AAAAA 和 aaaaa。

（20）C

（21）A 要在一行中给多个变量赋值，可以用冒号将语句与语句之间隔开。x=y=z=1（不能同时对多个变量赋值）。

（22）D Print 是 Visual Basic 语言的关键字，不能做变量名。

（23）B 声明所有变量将会节省编程时间，键入错误将大大减少，在程序开始写上如下语句：

Option Explicit

该语句要求在程序中声明所有变量。

（24）A B 是字符串常量，C 是布尔常量，D 是日期常量。

（25）A 字符串函数 Trim（x）的功能是删除字符串 x 前导和尾部空格。

2）填空题

（1）变体类型；字符串型。

在定义变量是，如不做声明，Visual Basic 语言默认的变量类型为变体类型。语句"Dim Strl，Str2 As String"中 Str1 没有声明是什么类型，所以是默认的变体类型。

（2）其所在的过程；窗体及窗体内的所有过程；模块内的所有过程；整个工程中所有的模块和所有的过程。

本题涉及的知识点为变量的作用域。

变量的作用域指的是变量的有效范围，即变量的"可见性"。定义了一个变量后，为了能正确地使用变量的值，应当指明可以在程序的什么地方访问该变量。

Visual Basic 应用程序由三种模块组成，即窗体模块（Form）、标准模块（Module）和类模块（Class）。

根据变量的定义位置和所使用的变量定义语句的不同，Visual Basic 中的变量可以分为三类，即局部（Local）变量、模块（Module）变量及全局（Public）变量。其中，模块变量包括窗体模块变量和标准模块变量。

① 局部变量（过程变量）。在过程（事件过程或通用过程）内定义的变量叫做局部变量，其作用域是它所在的过程。局部变量通常用来存放中间结果或用作临时变量。某一过程的执行只对该过程内的变量产生作用，而对其他过程中相同名字的局部变量没有任何影响。局部变量通过 Dim 或 Private 关键字来定义。

② 模块级变量。在某一模块（窗体变量和标准模块变量）内，使用 Private 语句或 Dim 语句声明的变量都是模块级的变量。模块变量可用于该模块内的所有过程。当同一模块内的不同过程使用相同的变量，且必须使用相同的变量时，必须定义模块变量。与局部变量不同，在使用模块变量前，必须先声明，也就是说，模块变量不能默认声明。

③ 全局变量。全局变量也称全局级变量，其作用域最大，可以在工程的所有模块的所有过程中调用，定义时要在变量名前冠以 Public。全局变量一般在标准模块的声明部分定义，也可以在窗体模块的通用声明段定义。

（3）Visual Basic．NET Programming

（4）Shanghai

（5）5+（a+b）2 或 5+（a+b）*（a+b）

（6）cos（a+b）^2+Exp（3）+2* Log（2）

（7）9；10；2010

此题涉及日期函数，Day（日期）、Month（日期）、Year（日期）、WeekDay（日期）。这四个函数的函数值分别等于对应日期中的日、月、年和数值形式的星期几。

（8）3 类型符“%”代表整型类型，所以取整后的结果是 3。

（9）0；abcdefghijk

本题涉及字符串函数 Instr( )和 Lcase( )的使用。

Instr（n，s1，s2）是从 s1 的第 n 个字符开始查找 s2 在 s1 中第一次出现的位置。,若 s2 不在 s1 中出现，则返回 0。例如：如果 s1= " abcdbcdfbcgh "，s2= " bc "，那么 Instr（1，s1，s2）、Instr（8，s1，s2）、Instr（11，s1，s2）的结果分别为：2、9、0。

Lcase（s）是将字符串 s 中的所有大写字母变为小写字母。

（10）冒号：

（11）dim x as integer,y as integer

（12）-25

Int（x）是求不超过 x 的最大整数， Fix（x）是截取 x 的整数值函数，不论 x 是正数还是负数，均截去小数，仅保留整数。Fix（-3．8）返回-3，Int（-21.9）返回-22。

（13）-10

两个日期型常量相减，返回值为两个日期相差的天数。

（14）变体型

Visual Basic 允许用户在编写应用程序时，不声明变量而直接使用，系统临时为新变量分配存储空间并使用，这就是隐式声明。所有隐式声明的变量都是 Variant 数据类型。Visual Basic 根据程序中赋予变量的值来自动调整变量的类型。

（15）Int（90*Rnd）+10

随机函数 Rnd 介绍：

Rnd[(N)]，N 的值决定了 Rnd 生成随机数的方式：

N<0: 以 N 为随机种子，每次返回相同的随机数。

N>0: 默认值，以上一个随机数作为种子，产生下一个随机数，每次得到结果不同。

N=0：返回最近生成的随机数。

通过表达式可产生任意指定范围 A-B 区间的随机数。产生[A,B]之间的随机数，可以使用公式：

```
(B-A+1)*Rnd + A          '产生[A,B]之间的随机数
Int (( B-A +1)*Rnd + A)  '产生[A,B]之间的随机整数
```

第 3 章 Visual Basic 数据的输入与输出

1）选择题

（1）C Visual Basic 程序设计除了界面以外，在程序设计中需要对原始数据进行输入，待数据处理完毕后须将处理的结果进行输出。一般来说，一个计算机程序由三部分组成，即输入、处理和输出。在程序中用于输入数据的是输入语句，用于输出的是输出语句。

（2）D 赋值语句的格式为：[let]variable=表达式。其功能是计算赋值号右侧表达式的值，然后将计算结果赋给左侧的变量。该语句中等号左边是表达式，所以非法。

（3）B

（4）A　InputBox 函数是提供从键盘输入数据的函数。该函数在执行过程中会产生一个对话框，等待用户在该对话框中输入数据，并返回所输入的内容。InputBox 函数返回值的默认类型为字符串。如果需要输入的数值参加运算时，必须在运算前使用 Val 函数把它转换为相应类型的数值，或事先声明变量类型。

（5）C　每执行一次 InputBox 函数，只能输入一个值，如果需要输入多个值，则必须多次调用 InputBox 函数，通常与循环语句、数组结合使用。

（6）C　Print 语句的格式为：

[对象名.]Print[[表达式表]，|；]

其中，表达式表可以是一个变量名或多个变量名，也可以是一个表达式或多个表达式。表达式可以是数值表达式或字符串表达式。当输出对象为数值表达式时，打印输出该表达式的值，当输出对象为字符串表达式时，打印输出该字符串的原样。如果省略“表达式表”，则输出一个空行。

（7）D　使用 Print 语句输出多个表达式或变量时，各表达式或变量之间需要使用分隔符“，”、“；”或空格，(英文状态输入)。其中，逗号（“，”）分隔：按标准格式（分区格式）输出，即各数据项占 14 位字符；分号（“；”）或空格分隔：按紧凑格式输出，当输出数值型数据时，在该数值前留一个符号位，数值后留一个空格，当输出字符串时，前后都不留空格。

（8）B

（9）A　在 Print 语句中，各变量或表达式之间用分号（“；”）或空格，按紧凑格式输出，当输出为数值型对象时，在该数值前留一个符号位，后留一个空格。数值 23.56 前应有一空格。

（10）B　在使用 Print 语句时可以按照标准格式、紧凑格式输出，同时还可以在 Print 语句中使用一些函数来指定它的输出格式。主要包括：Tab、Spc、Space 和 Format 函数。

使用格式输出函数 Format( )，可以使数值或日期按指定的格式输出。

格式：Format $（数值表达式，格式字符串）。

功能：该函数可按“格式字符串”指定的格式输出“数值表达式”的值。

“#”：表示一个数字位。它的个数决定了显示区段的长度。如果所显示数值的位数小于格式字符“#”指定的区段长度，则该数值靠区段的左边显示，多余的位数不补 0；如果所显示数值的位数大于格式字符“#”指定的区段长度，则数值按原样显示。

“0”：其功能与“#”格式字符相同，但当所显示数值的位数小于格式字符“0”指

定的区段长度，则该数值靠区段的左边显示“0”字符。

（11）A

（12）C　MsgBox 函数返回的是一个整型值,这个整数与所选择的按钮有关。其数值的意义如表 3-1-3 所示。在应用程序中,MsgBox 函数的返回值通常用来作为继续执行程序的依据,根据该返回值决定其后的操作。

（13）C

（14）D

（15）B　InputBox( )函数的返回值是字符串类型的，此时“+”并当做字符串连接符号。

2）填空题

（1）tomorrow

程序运行后，用户在对话框中输入字符串 " The Day After Tomorrow "，此时文本框的内容发生了变化所以触发 Text1_Change( )事件。Right( )函数取字符串右 8 位，即 Tomorrow，Lcase( )将其全部转换为小写。

（2）True

Print 语句具有计算和输出的双重功能，对于表达式，先计算，后输出，但不具备赋值功能。x>y 是逻辑表达式，Print 语句计算该表达式的值并输出。表达式值为 True。

（3）67.9＋876.2=944.1

（4）挂起

① 模态窗口（Modal Window）：当屏幕上出现一个窗口（或对话框）时，如果需要在提示窗口中选择选项（按钮）后才能继续执行程序，则该窗口称为模态窗口。在程序运行时，模态窗口挂起应用程序中其他窗口的操作。

② 非模态窗口（Modaless Window）：当屏幕上出现一个窗口时，允许对屏幕上的其他窗口进行操作，该窗口称为非模态窗口。

③ MSgBOX 函数和 MsgBox 语句强制所显示的信息框为模态窗口。在多窗体程序中，可以将某个窗体设置为模态窗口。

（5）华文楷体

（6）Val(Text1.Text) + Val(Text2.Text) + Val(Text3.Text) + Val(Text4.Text)；Picture1.Cls；Sum

其中，语句 Picture1.Cls 的作用是如果图片框 Picture1 中有内容，先清空。

（7）Printer（打印机）

（8）窗体

使用 PrintForm 方法可通过窗体来打印信息。

（9）加了删除线

（10）vbRetryCancel 或 5

第 4 章 程序的控制结构

1）选择题

（1）B 应写为：

```
If a=1 Then
c=2
ElseIf a=2 Then
c=3
End If
```

（2）C Sgn（x）是符号函数，取 x 的符号，其值如下：当 x<0 时，Sgn（x）=-1；当 x>0 时，Sgn（x）=1; 当 x=0 时，Sgn（x）=0。

本题中 Sgn（x）的值是-1。If 语句中的"条件"可以是关系表达式、逻辑表达式和算术表达式。算术表达式的值非零为 True，零为 False。所以-1 的逻辑值是 True，则执行语句 Y=Sgn（x^2）。

（3）D IIf 函数可以实现一些比较简单的选择结构。

格式： func_result=IIf（条件，A，B）。

功能：当条件为真时，函数返回 A 部分的值，否则返回 B 部分的值。

说明：

①"条件"可以是关系表达式、逻辑表达式和算术表达式。算术表达式的值非零为 True，零为 False。

②“A”是当条件为真时函数的返回值；“B”是当条件为假时函数的返回值，它们可以是任何表达式。

（4）B 执行头两条语句后 x=0,y=0。

（5）A

（6）C 本题退出循环的条件是 I>100，I 的值永远是 1，所以是死循环。

（7）A 本题中 C=1，所以不执行循环体，直接执行语句 Print C。

（8）B 变量 n 记录了执行 Do…Loop 语句的次数。执行第一次后 X 的值为 6，执行第二次后 X 的值为 72，由于 X>50，循环终止。

（9）B s=1+8,a=8-1,本题中先执行语句 s=s+a 和 a=a-l，然后判断循环条件，因为 a=7 大于 0 所以退出循环执行语句 Print s;a。

（10）A

（11）D

（12）A 下面语句做的是累程操作

```
For I=1 To 5
Sum=sum *I
Next I
```

注意累程前需要将 sum 的值设置为 1，否则缺省值为 0，结果是 0。

（13）C 本程序的循环过程如下：

i=l 时 x=0，n=1，Sum=Sum+x=0

i=2 时 x=1/2，n=2，Sum=Sum+x=0+l/2

i=3 时 x= 2/3，n=3，Sum=Sum+ x=0+l/2+2/3

i=4 时 x=3/4，n=4，Sum=Sum+x=0+l/2+2/3+3/4

i=5 时 x=4/5，n=5，Sum=Sum+x=0+1/2+2/3+3/4+4/5

（14）D

（15）B 本题考查的是最内层循环体执行次数，每执行一次，a 的值加 1。i=1 时，内层循环体执行 3 次，i=2 时，内层循环体执行 3+2 次，i=3 时，内层循环体执行 3+2+1 次。

（16）D

（17）C 本题中，语句 a=a+1 的执行次数为 3*3*3 次。

（18）A

（19）A

（20）C 文本框中显示文本型数据，i 的值被认为是字符串型数据，&是字符串连接符。

（21）A

（22）B

（23）B

（24）B 该程序段求的是在数字 1 至 30 中既是 2 的倍数又是 5 的倍数的数的和，10+20+30。

（25）A

2）填空题

（1）30

Sgn（x）为 1，所以 e 是 2，执行语句 y=5*x+ 5。

（2）Val（Text1．Text）；If；ME

（3）求 1 至 8 的累加；36

（4）1 To 5；（a，6-i，2*i-1）

（5）12 18

本题涉及变量的生存期这个知识点。按照变量的生存期，可以将变量分为动态变量和静态变量。

①动态变量：

• 在过程中使用 Dim 语句定义的局部变量称为动态变量。

• 只有当过程被调用时，系统才为动态变量分配存储空间，动态变量才能够在本过程中使用。

• 当过程调用结束后，动态变量的存储空间被系统重新收回，动态变量又无法使用了，下次调用过程时，重新分配存储空间。

• 动态变量的生存期就是过程的调用期。

②静态变量：

• 窗体/模块级变量和全局变量的生存期就是程序的运行期。

• 在过程中使用 Static 语句定义的局部变量称为静态变量。

• 静态变量在过程初次被调用时，由系统分配存储空间

• 当过程调用结束后，系统并不收回其存储空间。在下一次调用该过程时，静态变量仍然保留着上次调用结束时的值。

• 静态变量仍然是局部变量，它只能被本过程使用。

第一次单击 Command1 按钮后，x=4,y=2。第二次单击 Command1 按钮后，x=8,y=10。第三次单击 Command1 按钮后，x=12,y=18。每次点击 Command1 按钮后，变量 y 重新分配空间，初始值为 0，变量 x 是静态变量，所以上次结果被保留。

（6）10

（7）1 To 5；2*n-1

（8）9

（9）Text1．Text；m=0；Caption=m

（10）n+ 2；Exit Do

第 5 章 数组与过程

1）选择题

（1）B a 是二维数组，元素个数是 6*7=42。

（2）C 在实际应用中，经常需要处理成批数据，为此，高级语言提供了数组。数组是一种非常有用的数据结构，是有序数据的集合。与其他语言不同的是，在 Visual Basic 中，数组中的每个元素可以是不同数据类型的数据。

根据内存区开辟时机的不同，可以把数组分为静态数组和动态数组。通常把需要在编译时开辟内存区的数组叫做静态数组，而把需要在运行时开辟内存区的数组叫做动态数组。在定义动态数组时未给出数组的大小，即以变量作为下标值，当要使用时，再用 ReDim 语句重新定义数组的大小。

默认情况下，数组的下标是从 0 开始的。

（3）D 每次使用 ReDim 都会使原来数组中的值丢失，但若使用了 Preserve 参数，就可以保留数组中

的数据。

（4）A　程序运行后数组 a 各元素的值分别是 a（1，1）=1，a（2，1）=2，a（2，2）=4，a（3，1）=3，a（3，2）=6，a（3，3）=9，a（4，1）=4，a（4，2）=8，a（4，3）=12，a（4，4）=16，其余各元素值是 0。

（5）C

（6）C　过程不能嵌套定义，但可以嵌套调用。

不同数据类型的参数有着不同的传递方式：当参数是字符串时，为了提高效率，最好采用传地址的方式；另外，数组、用户自定义类型和对象都必须采用传地址的方式；其他数据类型的数据可以采用两种方式传送，但为了提高程序的可靠性和便于调试，一般都采用传值的方式，除非希望从被调用过程改变实参的值。

（7）C　GetArray（b( )As Integer，n As Integer）过程的参数 b( )是数组，数组作为工程的参数传递时是按址传递的。

（8）D　本题中过程 f1 有两个参数，x1 是按址传递，y1 没有说明，缺省方式是按址传递。

按地址传递是指主调过程的实参与被调过程的形参共享同一存储单元，形式参数与实际参数是同一个变量，定义被调过程时，各形参前加 ByRef。按地址传递的参数结合过程：将实参的地址传递给形参，即形参和实参共用一段内存单元。如果在被调用过程中形参发生了变化，则会影响到实参，即实参的值会随形参的改变而改变，就像是形参把值“回传”给了实参，因此是“双向传递”。

（9）C　函数 f（m As Integer）判断参数 m 是否是偶数，如果是偶数返回 2，否则返回 1。

（10）D

（11）B　控件数组由一组相同类型的控件组成。它们共同拥有一个控件名（即每个控件元素的 Name 属性相同），具有相同的属性，每个控件元素有系统分配的唯一的索引号，可通过属性窗口的 Index 属性知道该控件的下标。

在建立控件数组时，Visual Basic 给每个元素赋一个下标值，通过属性窗口中的 Index 属性可以知道这个下标值是多少。例如，第一个命令按钮的下标值为 0，第二个命令按钮的下标在为 1，依此类推。在设计阶段，可改变控件数组元素的 Index 属性，但不能在运行时改变。这样，程序员就可以根据 Index 属性来获知用户按了哪个按钮，从而在相应的过程中进行相关编程。

（12）D

（13）C　每个元素的值是其对应的行标列标的和。

（14）B

（15）B　X=1*1+2*10+3*100=321

（16）C　本程序是找出输入的五个数中的最大数和位置，并输出结果。

（17）D　程序运行后，第一次单击窗体空白处，Test（1）=4，Test（2）=3，Test（3）=2，Test（4）=4，由于数组 Test( )是 Static 型的，所以数组 Test( )中各元素的值被保留。第二次单击窗体空白处，则输出结果是 8642。

（18）B　函数 P(s As String)的作用是返回字符串 s 的小写形式。

（19）C　Visual Basic 应用程序是由过程组成的。过程是一段程序代码，是相对独立的逻辑模块。除事件过程和系统提供的内部函数过程外，还可以根据自己的需要定义供其他过程多次调用的过程，称之为“通用过程”。

在 Visual Basic 中，通用过程分为两类，即子过程（Sub 过程）和函数过程（Function 过程）。Sub 过程和

Function 过程的相同之处在于都是完成某种特定功能的一段程序代码，不同之处在于 Function 过程有返回值。

事件过程与对象有关，对象事件触发后被调用。事件过程的过程名由系统自动指定。

（20）C 函数过程的返回值只能是一个。“As 类型”用于说明函数返回值的数据类型，如果省略则返回变体类型的函数值。函数是“通用过程”，是用户可根据自己的需要定义供其他过程多次调用的过程。

（21）C 程序运行后，第一次单击命令按钮，x=1,y=2,z=1,因为变量 x,y 被定义为 Static 型的，所以变量 x,y 的值被保留。第二次单击命令按钮，x=2,y 被重新赋值为 1，所以 y=2,z 是动态局部变量，初始值是 0。

（22）A 在调用 Sub 过程和 Function 过程时，参数的传递有两种方式：按值传递、按地址传递，定义过程时，缺省的参数传递方式是按地址传递。

本题中过程 P1 的参数传递方式是按值传递，过程 P2 的参数传递方式是按地址传递，执行 P1 x， y 后不改变局部变量 x， y 的值。而执行 P2 x， y 后，x， y 的值改变。

（23）A 当数组作为参数时，只能是按地址传递，所以对于形参所做的操作就是对实参的操作。

（24）B 程序运行后，单击命令按钮，For 循环执行两次，第一次执行 F(1)，F=1+1+1=3, 第二次执行 F(1)，F=1+1+2=4。

（25）A 单击命令按钮 Command1，过程 Command1_Click( )对全局变量 x 赋值为 1。单击命令按钮 Command2，Print x 语句输出的是过程 Command2_Click( )中局部变量 x 的值是 2。语句 Print Form1.x，输出的是全局变量 x 的值为 1。单击命令按钮 Command3，输出的是全局变量 x 的值为 1。

2）填空题

（1）按地址传递

（2）数组

在调用 Sub 过程和 Function 过程时，参数的传递有两种方式：按值传递、按地址传递，定义过程时，缺省的参数传递方式是按地址传递。

不同数据类型的参数有着不同的传递方式：当参数是字符串时，为了提高效率，最好采用传地址的方式；另外，数组、用户自定义类型和对象都必须采用传地址的方式；其他数据类型的数据可以采用两种方式传送，但为了提高程序的可靠性和便于调试，一般都采用传值的方式，除非希望从被调用过程改变实参的值。

（3）事件过程；通用过程

（4）Label1(i).Caption 或者 Val(Label1(i).Caption)；Label2.Caption

（5）b(j，i)=a(i，j)

（6）mat(i，j)= 1； mat(i，j)= 0

矩阵中当 i=j 时即为对角线的元素。

（7）计算参数中每位数字的乘积；6

（8）max1= max(2， 43，-9)； max1= max(max1， 23， 32)

本题中函数 max( )的作用是求三个数的最大值，其参数有 3 个，如果求 5 个数的最大值，需要调用函数 max( )两次。

（9）9

Static 表明过程中的所有变量都是“Static”型，即在每次调用过程结束后，局部变量的值依然保留。

第一次单击命令按钮后，执行 add t 后，i=1,t=3,第二次执行 add t 后，i=2,t=5。第二次单击命令按钮后，执行 add t 后，i=3,t=5,第二次执行 add t 后，i=4,t=9。

（10）ReDim A(N)

动态数组是指在定义数组时未给出数组的大小，即以变量作为下标值，当要使用时，再用ReDim语句重新定义数组的大小。

第6章 常用的内部控件

1）选择题

（1）D

（2）C

（3）B

（4）C 在Form_Load中窗体没有Show出来（加载上来）时控件不存在，是不能使用控件的SetFocus方法的。如果要在Form_Load里使用SetFocus方法，可以在最前面添加Me.Show语句，加载窗体。

（5）C 滚动条接收的事件主要是Scroll事件和Change事件。

Scroll事件。当用户在滚动条中拖动滚动框时，会触发该事件，但当单击滚动箭头或滚动条时不发生Scroll事件。该事件用于跟踪滚动条中滚动框的动态变化。

Change事件。当用户在滚动条中修改滚动框的位置时，会引发该事件。且当用户单击滚动箭头时，也会引发该事件。该事件用于得到滚动条中滚动块最后位置的数值。

（6）C

（7）A

（8）C 单击命令按钮Command1后，由于Text1的内容发生改变，所以触发了Text1_Change( )事件。

（9）D List属性。该属性其实是一个数组，它保存了列表框中的所有列表项。其中，每个元素保存列表中对应的一项。可以在程序设计时设置或修改它，也可以在程序运行时设置或修改它，并访问它的元素。例如，可以在程序中使用：Print List1.List（1）即在窗体中显示List1列表框中列表项的第二项（因为它的下标是从0开始）。

Text属性。对于列表框，该属性用于记录最后一次被选择的列表项的正文，它不能直接进行修改，而是由系统自动进行修改。在程序设计时不能设置此属性。

（10）D

（11）C DefaultExt属性。该属性用来设置对话框中的默认文件类型，即扩展名。如果在打开或保存的文件名中没有给出扩展名，则自动将DefaultEXT属性值作为扩展名。

Filter属性。该属性用来指定在对话框中显示的文件类型。使用该属性可以设置多个文件类型，供用户在对话框的“文件类型”的下拉列表中选择。

FileName属性。该属性用来设置或返回要打开或保存的文件的路径及文件名。这里的“文件名”指的是文件全名，包括盘符和路径。例如，“D：\VB\Forml.frm”。

（12）A Columns属性。该属性用于设置列表框中列表项的显示方式，规定项目分几列显示，具体规定如下：

0（默认值）：单列显示，若项目过多，则自动加上垂直滚动条。

n（=1或>1时）：分n列显示，若项目过多，则自动加上水平滚动条。

（13）A Value属性。在单选按钮中，该属性用于设置单选按钮的状态。该属性的取值分别为True和False。当该属性值设置为True时，该按钮的中心有一个实心的圆圈标记，表示此单选按钮被选中，处于打开状态；当该属性值设置为False时，该按钮的中心没有实心的圆圈标记，表示此单选按钮没有被选取，即处于关闭状态。

在复选框中，该属性用于设置复选框的状态。此属性的取值分别为 0、1 和 2。具体规定如下：

0——表示没有选择该复选框；

1——表示选择了该复选框；

2——表示该复选框禁止选取（此时，复选框的颜色为灰色）。

（14）C Text 属性。对于组合框，该属性用于记录用户选中的列表项的正文或直接从编辑区输入的正文。而对于列表框，该属性用于记录最后一次被选择的列表项的正文，它不能直接进行修改，而是由系统自动进行修改。

（15）C 通用对话框控件的 ShowOpen 方法，可以显示“打开”对话框。

2）填空题

（1）1.78； 75

（2）Picture1.Picture=LoadPicture（“d:\pic \ a.jpg”）

（3）List1.ListIndex； L；List1.ListCount

（4）DialogTitle； Filter； ShowOpen； FileName； Input； ＃1

（5）Textl.Text=“Hello!”或 Text1=“Hello!”

（6）Top； Left； Width； Height

（7）设计； 运行

（8）AutoSize

（9）ScrollBars； MultiLine； True

（10）Textl.SetFocus

（11）picture

（12）下拉式组合框；简单组合框；下拉式列表框；Style；0；l；2

此题涉及对组合框属性的了解。

（13）ShowOpen；ShowSave；ShowColor；ShowFont；ShowPrinter；l；2；3；4；5

通用对话框控件通常显示的对话框包括：“打开”对话框、“另存为”对话框、“颜色”对话框、“字体”对话框和“打印”对话框。

对话框的类型可以通过 Action 属性设置，也可以通过相应的方法设置。

（14）ItemA 和 ItemC

窗体加载后 list1(0)= " ItemA " , list1(1)= " ItemB " ,list1(2)= " ItemC " ,list1(3)= " ItemD " ， list1(4)= " ItemE " 。

执行 List1.RemoveItem 1 语句后，list1(0)= " ItemA " , list1(1)= " ItemC " ,list1(2)= " ItemD " ,list1(3)= " ItemE " 。

执行 List1.RemoveItem 3 语句后，list1(0)= " ItemA " , list1(1)= " ItemC " ,list1(2)= " ItemD " 。

执行 List1.RemoveItem 2 语句后，list1(0)= " ItemA " , list1(1)= " ItemC " 。

（15）Change

当无论向文本框中输入任何字符时，Text1 的 Change 事件被激活。

第7章 菜单界面设计

1）选择题

（1）B　菜单的 Caption 属性用来输入所要建立某菜单的名字以及每个菜单项的标题，相当于控件的 Caption 属性。输入一个减号（-）可以在菜单中加入一条分隔线。

（2）B

（3）B

（4）C　标准模块也称全局模块或总模块，由全局变量声明、模块层声明及通用过程等几部分组成。其中，全局声明放在标准模块的首部，因为每个模块都可能要求具有唯一名字的自己的全局变量。全局变量声明总是在启动时执行。模块层声明包括在标准模块中使用的变量和常量。

当需要声明的全局变量或常量较多时，可以把全局声明放在一个单独的标准模块中。这样的标准模块只含有全局声明，而不含任何过程，因此，Visual Basic 解释程序不对它进行任何指令解释。这样的标准模块在所有基本指令开始之前进行处理。在标准模块中，全局变量用 Public 声明，模块层变量用 Dim 声明。标准模块不属于任何窗体，但可以指定窗体的内容，可以在标准模块中建立新的窗体，然后在窗体模块中对窗体进行处理。

在大型应用程序中，主要操作在标准模块中执行，窗体模块用来实现与用户之间的通信。但在只使用一个窗体的应用程序中，全部操作通常用窗体模块就能实现。在这种情况下，标准模块不是必需的。

（5）A

（6）D

（7）B　一个菜单项的 Enabled 属性用以确认菜单项是否有效，默认是选中的，即有效的。无效的菜单项以灰色显示，不能接收用户的 Click 事件。

（8）D　菜单的 Visible 属性用以确认菜单项是否可见，默认是可见的。

（9）A

（10）A 每个菜单项包括顶层菜单项和子菜单项，都可以看成是一个控件，都可以接收 Click 事件，而且菜单控件只响应唯一的 Click 事件。每个菜单项都有一个名字，把该名字和 Click 放在一起就组成了该菜单的 Click 事件过程。

2）填空题

（1）Click

（2）标准模块；Public

（3）MDIChild

（4）PopupMenu

（5）-（减号）

（6）MouseDown；PopupMenu

（7）Alt

（8）显示输入

（9）单击

（10）各种应用程序

第 8 章 文件管理

1）选择题

（1）A 在 Visual Basic 中，对文件的处理一般需要经历打开、操作、关闭三个步骤。

第 1 步，打开/建立文件。

任何类型的文件必须打开/建立之后才能使用。若要操作的文件已经存在，则打开该文件；若要操作的文件不存在，则建立一个新文件。

第 2 步，操作文件。

文件被打开/建立之后，就可以对文件进行所需的操作，例如，读出、写入、修改文件数据等操作。其中，将数据从计算机的内存传输到外存的过程称为写操作，而从外存传输到内存的过程称为读操作。

第 3 步，关闭文件。

当对文件操作好之后，就应该将文件关闭。

Open 语句中的 Input 方式是指定顺序输入方式。

（2）A 一般，随机文件的写操作通过 Put 语句实现。Put 语句的主要功能是将一个变量的内容送入文件号所指定文件的记录号的记录中。

Put 语句的一般格式为：

Put #文件号，[记录号]，变量

（3）C 顺序文件中的记录一个接一个地存放。顺序文件只提供第一个记录存放的位置，要寻找其他记录，必须从文件头开始，顺序读取后续记录，直至找到要查找的记录。其结构相对比较简单，只要把数据记录一个接一个地写到文件中即可，但维护起来比较困难，为了修改文件中的某个记录，必须读入整个文件到内存，修改后再重新写入磁盘。顺序文件占用的空间少，容易使用，但是它在存取、增减数据上的不方便使得该类型文件只适用于有一定规律且不需要经常修改的数据。

随机存取文件又称为直接存取文件，简称为随机文件或直接文件。随机文件中每个记录的长度是固定的，记录中每个域的长度也是固定的。随机文件的每个记录都有一个对应的记录号，在读写文件时，根据提供的记录号，就能直接读写对应的记录。而无须从第一个记录开始顺序查找。因此可以对随机文件中的不同记录同时进行读写操作，以加快对文件的处理速度。随机文件存取数据灵活方便，易于修改，速度较快，但是，空间占用较大，且数据的组织较为复杂。

在 Visual Basic 中，针对上述两类文件，提供了三种文件访问的类型：

顺序访问方式———适用于读写连续块中的文本文件。

随机访问方式———适用于读写有固定长度记录结构的文本文件或二进制文件。

二进制访问方式———适用于读写有任意结构的文件。

（4）B

（5）C 驱动器列表框是下拉式列表框。缺省情况下，在用户系统上显示当前驱动器。在驱动器列表框获得焦点时，用户可输入任何有效的驱动器标识符，或者单击驱动器列表框右侧的箭头来选择有效的驱动器。单击列表框右端向下箭头时，则显示出计算机上所有驱动器的名称。若用户选定了新的有效驱动器，这个驱动器将出现在列表框的顶端。

Drive 属性只能在程序代码中设置，不能在属性窗口中设置。

驱动器列表框的 Drive 属性设置格式为：

驱动器列表框名称.Drive［=驱动器名］

应用程序可通过下面简单的赋值语句指定出现在列表框顶端的驱动器，例如：

Drive1.Drive= " c\ "

默认驱动器和目录，是指程序程序在运行过程中的默认（缺省）驱动器和目录，即当你不指定它们时，就使用这个值。在不使用 chdir 来修改时，默认目录是应用程序所在的目录 比如一个保存文件的例子 open file "1.txt" for output as #1 。由于没有目标文件 1.txt 的目录，默认目录生效，1.txt 会被放在和应用程序同一个文件夹下,如果你修改了默认目录, 则 1.txt 会在新的默认目录下 默认驱动器。

（6）C　Open 语句中的 For 方式用来指明文件的输入、输出方式，有如下形式：

① Input：指定顺序输入方式。

② Output：指定顺序输出方式。

③ Append：指定顺序输出方式。但是，与 Output 的不同之处在于，用该模式打开文件时，文件指针被定位在文件末尾。若对文件执行写操作，则写入的数据追加到原来文件数据的后面。

④ Random：指定随机存取方式，在没有指定方式的情况下，文件默认以该方式打开。若该模式下没有 Access 子句，则 Open 语句在执行时按下列顺序打开文件：读/写、只读、只写。

⑤ Binary：指定二进制方式文件。若该模式下没有 Access 子句，则打开文件的类型与 Random 模式相同。

（7）A　Open 语句兼有建立新文件和打开一个已存在文件的功能。若以 Input 模式打开一个文件，而该文件不存在时，则产生"文件未找到"的错误；若以 Output、Append、Random 模式打开一个文件，而该文件不存在时，则建立一个新文件。

（8）D　LOC 函数用来返回指定文件的当前读写位置。

LOF 函数用来返回文件所包含的字节数。

EOF 函数用来测试文件是否结束，其返回值为逻辑值。

（9）B　随机文件的记录具有固定长度，对随机文件的操作必须提供记录号 n，通过计算：记录 n 的地址=（n-1）×记录长度，得到文件记录与文件头的相对地址。所以在用 Open 语句打开文件时，必须指定记录长度，求随机文件记录长度可用函数 Len( )。

（10）C　语句 Open "data1.txt" For Output As #1 是先把文件清空，再添加数据。语句 Open "data1.txt" For Input as #1 是从文件中读出数据。语句 Open "data1.txt" For Append as #1 是从文件的结尾处追加数据。

2）填空题

（1）顺序访问方式

（2）For Input； Not EOF（1）

（3）程序；数据

根据数据的存取方式和结构，可以将文件分为顺序文件和随机文件；根据数据性质，文件可分为程序文件和数据文件；根据数据的编码方式，文件可以分为 ASCII 文件和二进制文件。

（4）Open；Close

（5）Append

（6）Drive1_Change( )；Dir1_Change( )；Dir1.Path=Drive1.Drive；File1.Path=Dir1.Path

假设有缺省名为 Drive1、Dirl 和 Filel 的驱动器列表框、目录列表框和文件列表框，则同步事件可能按如下顺序发生：

① 用户选定 Drivel 列表框中的驱动器。

② 生成 Drivel_Change 事件，更新 Drivel 的显示，以反映新驱动器。

③ 编写 Drivel_Change 事件过程，将新选定项目（Drivel.Drive 属性）赋予 Dirl 列表框的 Path 属性，代码如下：

```
Private Sub Drivel_Change( )
  Dirl.Path=Drivel.Drive
End Sub
```

④ Path 属性的改变将触发 Dirl_Change 事件，并更新 Dirl 的显示，以反映新驱动器的当前目录。

⑤ Dirl_Change 事件过程将新路径（Dirl.Path 属性）赋予 File 列表框的 File1.Path 属性，代码如下：

```
Private Sub Dirl_Change( )
  File1.Path=Dirl.Path
End Sub
```

⑥ File1.Path 属性的改变将触发更新 File1 列表框中显示，以反映 Dirl 路径的变更。

（7）Open"c:\stuData" For OutPut As # 1；Write# 1，StuNo，StuName，StuEng；Close #1

（8）900

随机文件的记录具有固定长度，对随机文件的操作必须提供记录号 n，通过计算：记录 n 的地址=（n-1）×记录长度，得到文件记录与文件头的相对地址。

（9）name

Name 语句用来重新命名一个文件、目录、或文件夹。

语法：Name [i]oldpathname[/i] As [i]newpathname[/i]

oldpathname 必要参数。字符串表达式，指定已存在的文件名和位置，可以包含目录或文件夹、以及驱动器。

newpathname 必要参数。字符串表达式，指定新的文件名和位置，可以包含目录或文件夹、以及驱动器。而由 newpathname 所指定的文件名不能存在。

Name 语句重新命名文件并将其移动到一个不同的目录或文件夹中。如有必要，Name 可跨驱动器移动文件。但当 newpathname 和 oldpathname 都在相同的驱动器中时，只能重新命名已经存在的目录或文件夹。Name 不能创建新文件、目录或文件夹。

在一个已打开的文件上使用 Name，将会产生错误。必须在改变名称之前，先关闭打开的文件。Name 参数不能包括多字符 (*) 和单字符 (?) 的通配符。

（10）驱动器列表框；目录列表框；文件列表框

第 9 章 键盘与鼠标事件过程

1）选择题

（1）D KeyPress 事件能检测的键一般包括：键盘上的字母键、数字键、标点符号键以及 Enter、Tab、Backspace 等特殊键。但是，对于其他一些功能键（如 F1、F2 键）、编辑键（如 Delete 键）和定位键却无法响应。

与 KeyPress 事件不同，KeyDown 和 KeyUp 事件是对键盘击键的最低级的响应，它报告了键盘本身的物理状态，而 KeyPress 并不反映键盘的直接状态。换言之，KeyDown 和 KeyUp 事件返回的是"键"，而 KeyPress 事件返回的是"字符"的 ASCII 码。例如，当按下字母键"A"时，KeyDown 所得到的 KeyCode 码（KeyDown 事件的参数）与按字母键"a"是相同的，都是 65。

当用户按下键盘的任意一个键时，都会引发 KeyDown 事件；同样，当用户松开键盘上的任意一个键时都会引发 KeyUp 事件。需要指出的是，上述情况必须是当对象获得焦点时才成立。与 KeyPress 事件不同，KeyDown 和 KeyUp 事件可以识别标准键盘上的大多数键，如功能键、编辑键、定位键以及数字小键盘上的键等。

（2）C　这段代码产生的是 3 个"B"，而不是 2 个。因为事件是发生在按键之后、显示之前，如要屏蔽掉输入的符号可以添加如下代码。

```
Private Sub Text1_KeyPress(KeyAscii As Integer)
  Dim str As String
  str = Chr(KeyAscii)
  KeyAscii = Asc(UCase(str))
  Text1.Text = String(2, KeyAscii)
  KeyAscii = 0 '加这句，屏蔽掉键值
  Text1.Refresh
End Sub
```

（3）D　S 的值是 False。

（4）A

（5）D

（6）D　参数 Button 表示哪一个鼠标键按下或释放。Button 也是一个位域参数，一共占 3 位，由低到高分别表示鼠标左键（第 0 位）、右键（第 1 位）和中键（第 2 位）。每一位都有 0 和 1 两种取值，分别代表键的释放和键的按下。

Shift 参数是在该事件发生时响应 Shift、Ctrl 和 Alt 键的状态的一个整数。Shift 参数是一个位域，它用最少的位响应 Shift 键（第 0 位）、Ctrl 键（第 1 位）和 Alt 键（第 2 位）。这些位分别对应于值 1、2 和 4，即 Shift 键为 001、Ctrl 键为 010、Alt 键为 100。可通过对一些、所有或无位的设置来指明有一些、所有或零个键被按下。例如，如果 Ctrl 和 Alt 两个键都被按下，则 Shift 参数的值为这两个参数值之和，即 Shift 的值为 6（二进制表示为 110）。

（7）C　在默认情况下，控件的键盘事件优先于窗体的键盘事件，因此在发生键盘事件时，总是先激活控件的键盘事件。如果希望窗体先接收键盘事件，则必须把窗体的 KeyPreview 属性设为 True，否则不能激活窗体的键盘事件。这里所说的键盘事件包括 KeyPress、KeyDown 和 KeyUp。

（8）A　KeyDown 和 KeyUp 事件返回的是"键"，而 KeyPress 事件返回的是"字符"的 ASCII 码。当按下字母键"A"时，KeyDown 所得到的 KeyCode 码（KeyDown 事件的参数）与按字母键"a"是相同的，都是 65。KeyPress 得到的是 Ascii 码，是 97。

（9）D

（10）A

2）填空题

（1）①无任何输出；② ABCDEF；③ abcdef；④ AaBbCcEeFf；⑤无任何输出。

在默认情况下，控件的键盘事件优先于窗体的键盘事件，因此在发生键盘事件时，总是先激活控件的键盘事件。如果希望窗体先接收键盘事件，则必须把窗体的 KeyPreview 属性设为 True，否则不能激活窗体的键盘事件。

KeyPreview 属性值为 False，所以不能激活窗体的键盘事件。

单击命令按钮 1 后，KeyPreview 属性值为 True, Form_KeyPress 事件被激活。

单击一次命令按钮 2，Text1_KeyPress 事件被激活。

单击一次命令按钮 1，再单击一次命令按钮 2，Form_KeyPress 事件被激活，Text1_KeyPress 事件被激活。

（2）65； 97

（3）ABCDE

（4）MousePointer； 99； MouseIcon。

自定义鼠标光标

如果把 MousePointer 属性设置为 99，则可通过 MouseIcon 属性定义自己的鼠标光标。有以下两种方法：

① 在属性窗口中，首先把 MousePointer 属性设置为“99－Custom”，然后设置 MouseIcon 属性，把一个图标文件赋给该属性（与设置 Picture 属性的方法相同）。

② 用程序代码设置，可先把 MousePointer 属性设置为 99，然后再用 LoadPicture 函数把一个图标文件赋给 MouseIcon 属性。例如：

```
Form1.MousePolnter= 99
Form1.MouseIcon=LoadPicture（ " c:\vb98\graphics\icons\arrows\pointer02.ico " ）
```

（5）001； 010； 100； Shift； Ctrl；Alt

（6）001； 010； 100；左；右；中

（7）ASCII；下档；ASCII

（8）KeyPress； KeyDown； KeyUp

（9）DragMode

（10）Click；DblClick

第 10 章 多重窗体程序设计

1）选择题

（1）C

（2）D 在单一窗体程序中，程序的执行没有其他选择，即只能从这个窗体开始执行。多重窗体程序由多个窗体构成，究竟先从哪一个窗体开始执行呢？Visual Basic 中规定，对于多窗体程序，必须指定其中一个窗体为启动窗体；如果未指定，就把设计时的第一个窗体作为启动窗体。只有启动窗体才能在运行程序时自动显示出来，而其他窗体必须通过 Show 方法才能看到。

（3）C 在应用程序中，要隐藏窗体，可使用 Hide 方法。在应用程序中，要卸载窗体，需使用 Unload 语句。

（4）D

（5）B 在一个窗体文件中用 Private 定义的通用过程只能在本窗体内被调用，不能被其他窗体调用。

2）填空题

（1）标准模块；窗体模块；类模块

（2）Show； Hide； Cls

（3）标准模块； Public 或 Global

（4）获得系统的控制权

（5）工程属性；工程；工程属性

参考文献

[1] 刘颖，刘素敏，刘湘雯. Visual Basic实验指导与能力训练[M]. 北京：清华大学出版社，2011.

[2] 龚沛曾. Visual Basic程序设计教程6.0[M]. 北京：高等教学出版社，2005.

[3] 谭浩强. Visual Basic程序设计[M]. 北京：清华大学出版社，2006.

[4] 刘立群，池洁，刘冰. Visual Basic程序设计与应用实训[M]. 北京：机械工业出版社，2010.

[5] 何振林，罗奕. Visual Basic程序设计上机实践教程[M]. 北京：中国水利水电出版社，2011.

[6] 林卓然. Visual Basic程序设计[M]. 北京：电子工业出版社，2008.